量子计算:发展与未来

Quantum Computing: Progress and Prospects

主编 艾米丽·格朗布林(Emily Grumbling)

马克·霍罗威茨(Mark Horowitz)

翻译 何 明 邹明光 罗 玲 韩 伟

审校 成铭洋 许贝佳 王 琼

量子计算的可行性和影响技术评估委员会

计算机科学与电信委员会

情报机构研究委员会

工程与物理科学部

美国国家科学院·工程院·医学院联合研究报告

U0380310

东南大学出版社
SOUTHEAST UNIVERSITY PRESS

·南京·

内容简介

当前，量子计算作为一种颠覆性的计算新模式，对数字电视、大数据分析和新一代通信等重要国家战略，以及与之相关的国计民生、国防安全以及信息社会运转产生巨大影响。量子计算是唯一已知的、能实现计算速度指数级增长的计算模式，在现代科技发展中具有重要的战略地位。本书用通俗易懂的语言阐明了晦涩难懂的量子原理和量子计算如何实现，讲述了量子计算如何开辟全新的计算模式、颠覆传统密码学，并从多维度描绘了量子计算的发展与未来，视角兼具科学性与前瞻性，具有重要的科普学术价值。

本书内容全面、系统、权威，结构清晰、深入浅出，对于国内众多相关前沿领域、科学咨询机构以及企事业单位的研究人员将提供很有价值的帮助。本书的出版将进一步激发群众和大专院校学生对于量子计算的兴趣，并起到良好的科普作用。

图书在版编目(CIP)数据

量子计算：发展与未来／（美）艾米丽·格朗布林
(Emily Grumbling)，(美)马克·霍罗威茨
(Mark Horowitz)主编；何明等译. —南京：东南大学
出版社，2022.5

书名原文：Quantum Computing：Progress and
Prospects

ISBN 978-7-5766-0040-7

Ⅰ.①量⋯　Ⅱ.①艾⋯②马⋯③何⋯　Ⅲ.①量子计
算机　Ⅳ.①TP385

中国版本图书馆 CIP 数据核字(2022)第 013543 号

江苏省版权局著作权合同登记
图字　10-2021-624

责任编辑：姜晓乐　　责任校对：韩小亮　　封面设计：王　玥　　责任印制：周荣虎

量子计算：发展与未来

主　　编：	艾米丽·格朗布林(Emily Grumbling)		马克·霍罗威茨(Mark Horowitz)	
译　　者：	何　明　邹明光　罗　玲　韩　伟			
出版发行：	东南大学出版社	社　　址：	南京市四牌楼 2 号(210096)	
经　　销：	全国各地新华书店	印　　刷：	江苏扬中印刷有限公司	
开　　本：	700mm×1000mm　1/16	印　　张：	13.75	
版　　次：	2022 年 5 月第 1 版	字　　数：	240 千字	
印　　次：	2022 年 5 月第 1 次印刷			
书　　号：	ISBN 978-7-5766-0040-7			
定　　价：	69.00 元			

序

量子计算的发展已成为全世界共同关注的热门话题。从学术界、产业界、行政部门到广大民众,人们对这种非传统的新型计算模式充满了好奇与期盼。

事实上,量子计算概念的提出至今已经走过四十余年,几乎与个人计算机同龄。近年来对其关注度的显著上升无外乎两点:一是由于量子计算机的诱人前景,它是唯一已知的、能实现计算速度指数级增长的计算模式,在现代科技发展中具有重要的战略地位(特别是所谓"量子霸权"的提出);二是由于低温物理、材料科学和射频电子技术的发展,量子科技取得了长足进步,加快了量子计算机实用化的进程。

当前量子计算已进入嘈杂中规模量子(NISQ)时代,量子计算设备开始摆脱因量子位数与相干时间的桎梏而仅追求原理展示和执行极简量子算法的情境。伴随着规模化量子计算平台的建立与量子计算软件的发展,NISQ 时代的量子计算初步显示出超越邱奇－图灵论题(Church-Turing thesis)的实用可能性。

本书是量子计算可行性与影响技术评估委员会等多家单位联合编写的,全文贯穿量子计算的理论、应用和实践,以综合应用的视角对量子计算技术的发展做了完整而具体的阐述,对量子计算机制造的可行性进行独立的评估。同时,本书"还可以澄清量子计算的理论特性和局限性,纠正公众对该领域的一些常见误解。"这也是本书重要学术价值之一。

书中对量子硬件、软件和算法进行了深入探讨,向读者回答了制造一台可扩展的、基于量子门的并可以应用 Shor 算法的量子计算机所需要的工程化方法以及所面临的挑战性。本书内容全面、系统、权威,结构清晰、深入浅出,无论是研究学者还是从业人员,都能够从中找到有价值的信息,是一本不可多得的好书。

——中国工程院院士　戴浩

推 荐 语 1

　　量子计算是未来30年世界重大科技发展的代表之一。本书辨析了量子理论与实在之间的同构关系,多维度描绘了量子计算的发展与未来,具有重要的科普和学术价值。量子计算的挑战如何应对? 量子计算会实现普适和广泛应用吗? 未来我们的生活与量子世界有何直接联系? 相信这本书能够有助于读者去探寻答案,也有助于广大科研工作者探索量子计算前沿科技的"新大陆"。

——中国科学院院士

推 荐 语 2

《Quantum Computing：Progress and Prospects》一书是由美国国家科学院、工程院、医学院主导完成的联合调查报告，特色鲜明，时效性强，对于相关领域的研究者和学生具有很高的参考价值。该书系统性地分析了量子计算研究领域发展的历史和当前的状况，对其前景进行了展望，并提出了针对未来重大需求的切实可行的对策建议。

当前，量子科技的发展日新月异，国家之间在量子科技研究中的竞争也越来越激烈。国内从事量子计算研究的队伍也在不断壮大之中，并正在取得越来越显著的成果。在此时将这本书翻译成中文并在国内出版，对于国内众多相关前沿领域、科学咨询机构以及企事业单位的研究人员将提供很有价值的帮助。同时，可以预期，本翻译稿的出版将进一步激发群众和大专院校学生对于量子计算的兴趣，并起到良好的科普作用。

——中国科学院院士

推 荐 语 3

当前量子计算作为一门炙手可热的前沿信息技术,已经由实验室的原理验证阶段逐渐迈进工程实施阶段。本书参考了量子计算领域近几十年来的大量文献,将该领域的源起、发展脉络和目前的最新研究成果呈现给读者;用通俗易懂的语言阐明了晦涩难懂的量子原理和量子计算如何实现,讲述了量子计算如何开辟全新的计算模式、颠覆传统密码学,并展望未来量子计算的发展应用前景。其见解独到,观点新颖,视角兼具科学性与前瞻性,使读者能深度体验量子计算这一新兴科技的无穷魅力,可谓一场科普量子计算的"及时雨"。本书婉如一道"金色阳光"照进量子计算学习者和从业者的心中,相信量子计算发展与未来精彩无限。

——中国工程院院士

前　言

　　量子计算这个话题在十年前并未被大多数人所了解，但就在几年前，它突然闯入了公众的视野。究其原因，一部分源自人们对技术发展速度下降的担忧，即对摩尔定律失效的担忧。半个多世纪以来，摩尔定律一直有效反映着计算性能的提高，它提升了人们对其他计算技术的兴趣。但最让人兴奋的，莫过于量子计算机独特的计算性能，以及近期研究人员在量子计算机所需的底层硬件、软件和算法方面所取得的进展。

　　在量子计算机出现之前，所有已知的现实计算设备都符合邱奇-图灵论题（Church-Turing thesis）。该理论认为，任何计算设备的速度性能都只比普通的"通用"计算机快多项式时间，也就是说，任何相关的速度提升都是受限于幂法则。通过提高运算速度（增加时钟频率）和增加每个时钟周期内完成的运算次数，"经典"计算设备的设计者将计算性能提高了许多个数量级。尽管如此，其速度也只是通用计算设备的常数倍。伯恩斯坦（Bernstein）等人于1993年证明，量子计算机不符合邱奇-图灵论题。彼得·肖尔（Peter Shor）于1994年实现了一个大数分解的示例：量子计算机求解该问题的速度是经典计算机的指数倍。虽然这个结果令人兴奋，但当时没有人知道如何生成量子计算机的最基本组件——量子比特（或"量子位"），更不用说制造完整的量子计算机了。但近期，情况发生了变化。

　　两项技术的发展使得研究团队能够实现小型量子计算系统。一种使用的是囚禁电离原子（囚禁离子），另一种使用的是微型超导电路。一些研究团队正在努力研发这两项技术。伴随这些最新的进展，全世界对量子计算的研究兴趣呈爆炸性增长。然而，人们也对量子计算的潜力及其现状感到困惑。不少论文写道，量子计算将实现计算机性能的可持续提升（实际上无法实现），量子计算将改变计算机行业（其近期影响很小，而长期影响未知）。

　　成立量子计算的可行性和影响技术评估委员会（以下简称"委员会"），就是为了对这一领域进行探索，以阐明其目前的技术现状、进展以及对通用量子计算机的影响。此外，委员会还可以澄清量子计算的理论特性和局限性，纠正公众对该领域的一些常见误解。

委员会开展了三次当面会议、多次电话会议，并进行远程协作。委员会关注的重点是量子计算硬件、软件和算法的现状，以及制造一台可扩展的、基于门的、能够应用肖尔（Shor）算法的量子计算机所需要取得的进展。在早期的研究过程中，委员会发现，目前的工程方法明显无法直接满足制造可扩展、完全纠错的量子计算机所需的条件。因此，委员会重点关注的是间接的里程碑和指标，从而监测量子计算的进展。在本研究中，委员会将多个学科的观点进行整合，并从系统的角度（而非单个模块或单学科的角度）来考虑实用量子计算机的制造进展。

本研究完全基于公开的信息，委员会通过成员的专业知识和经验、公开会议收集的数据、与外部专家的一对一对话以及公共领域的广泛信息，来对量子计算的进展、可行性及影响进行评估。委员会没有接触任何国家机密资料。因此，尽管委员会认为评估是准确的，但由于该评估基于不完整的原始信息，因此不排除公开科学领域以外的研究（个人或国家）会得到其他结果的可能。

本报告的阅读

本报告介绍的是委员会的研究结果。读者最好从概要开始，快速了解本报告的主要发现。概要还给出了报告中详细描述的每个主题的简介，以使读者能够深入了解自己感兴趣的特定主题的详细信息。

各章节的简介如下：

- 第1章介绍了计算领域的背景，以及量子计算机的计算优势，并对半个多世纪以来经典计算技术取得性能提升的原因和方式进行了回顾。这种提升主要是一种良性循环的结果，即使用了新技术的产品可以让行业赚更多的钱，然后用赚到的钱来研发新技术。对于量子计算而言，要想取得类似的成功，也需要形成良性循环，从而为开发更加实用的量子计算机提供资金。在此之前，需要政府或组织提供资金来对该研究进行支持，这样才可能制造出一台实用的量子计算机（总投资规模可能非常大）。

- 第2章介绍了量子力学的原理，这些原理使得量子计算与众不同、令人兴奋且具有挑战性。本章将量子力学的原理与我们今天使用的计算机的原理进行了比较。今天的计算机是基于经典物理定律来处理信息，因此量子计算领域将其称为"经典计算机"。而在量子计算机上，每增加一个量子比特就相当于量子计算机的性能提升一倍。同时，一些问题限制了计算能力的提升，如：门的噪声（量子比特的门运算具有显著的误码率）、无法有效读入数据，以及难以对系统进行测量等。这些问题使研究人员难以开发出有效的量子算法。本章介绍了三种不同类型的量子计算：模拟量子计算机、数字化嘈杂中型量子计算机（digital NISQ）以及完全纠错量子计算机。

● 由于量子计算的性能难以得到有效利用，第 3 章对量子算法进行了更深入的研究。本章首先介绍了完全纠错量子计算机已有的基本算法，然后阐述了纠错的巨大开销，也就是说，需要通过许多个物理量子比特和物理门运算来模拟一个逻辑量子比特，用于实现无误码的复杂算法。因此，这种计算机可能在很长时间内都无法实现。接着，本章考查了实用的模拟量子计算机和数字嘈杂中型量子计算机的算法，结果表明，算法方面还有进一步的研究。

● 由于肖尔算法能够破解目前使用的非对称密码，也就是说，攻击者能够在事先不知道密钥的情况下，通过肖尔算法进行破译。第 4 章讨论的是，目前为电子数据和通信提供保护的经典密码、一台大型量子计算机如何破译这些加密系统，以及当前密码学领域应该如何解决这些漏洞。

● 第 5 章和第 6 章分别讨论了制造量子计算机所需的硬件和软件的一般架构以及迄今为止的进展。

● 第 7 章介绍了委员会对量子计算取得重大进展所需的技术以及其他因素的评估、用于评估或重新评估这种进展的出现时间及影响的工具，以及对该领域的未来展望。

委员会希望非专家也能够读懂本报告，但为了对当前的问题进行更准确的描述，其中部分章节确实具有一定的（或较多的）技术性。当您阅读到这些内容时，可以任意跳过。这些内容的要点会在章节中进行突出显示，或者在章节的末尾进行总结。

我非常感谢委员会成员，他们慷慨地用宝贵的时间来编写本报告。作为委员会主席，我本人并不是一名量子计算方面的专家，但我确实从中受益匪浅。我要特别感谢研究项目负责人埃米莉·格兰布林，她花费了大量的时间来撰写我们这份报告。没有她的帮助,也就不会有这份报告。委员会主席一般都会说,很喜欢自己所带领的研究团队,但对我本人而言,这句话是事实。能够学习量子计算的性能、进展以及问题,让我十分开心。我希望,当您探索这一领域时,本报告能够有所帮助。

马克·霍罗威茨　主席

量子计算的可行性和影响技术评估委员会

目　　录

概　要

　　量子力学是物理学的一个分支,描述的是微小粒子的行为,它为新的计算模式奠定了基础。量子计算(QC)最早于 20 世纪 80 年代提出,借助于物理系统的微小"量子"行为来改进计算模型。20 世纪 90 年代,随着肖尔(Shor)算法的引入,人们对这一领域的兴趣与日俱增。如果在量子计算机上实现该算法,那么可以使密码破译的速度进行指数级的提高,从而对政府和民用的通信、数据存储所使用的密码系统构成威胁。实际上,量子计算机是唯一已知的、能够提供相对于目前计算机计算速度的指数级增长的计算模型。

　　在 20 世纪 90 年代,这些结论听起来令人十分兴奋,但这些结论都是理论上的:没有人知道如何用量子系统来制造计算机。近 25 年后的今天,[①]研究人员在生成和控制量子比特(Qubit)方面已经取得了重大进展,一些研究团队已证明小型量子计算机在原理上是可行的。这项研究为该领域注入了新的活力,吸引了私企的大量投资。

为什么制造和使用量子计算机具有挑战性

　　经典计算机用比特来表示进行运算的值。量子计算机用的是量子比特,或称量子位。一个比特可以为 0 或 1,而一个量子比特不但可以表示 0 或 1,还可以表示两者的某种组合(称为"叠加态")。经典计算机的状态是由一组比特的二进制值决定的,而在任意时刻,具有相同数量量子比特的量子计算机能够包含经典计算机上所有的状态,从而能够在更大的指数空间中进行计算。然而,它要求所有的量子比特都是内在相互联系(纠缠)的,与外界的环境隔离开来,且能够得到非常精确的控制。

---

　　① 作者写作时间为 2018 年。

过去 25 年里实现了许多创新进展,因此,研究人员能够建立量子计算所需的物理系统,用于隔离和控制量子。2018 年,大多数量子计算机使用的是两种技术(囚禁离子和超导电路生成的人工"原子"),然而目前人们正在探索更多不同的技术,用于量子比特(物理量子比特)的物理实现。由于该领域发展迅速,且仍需进行大幅改进,因此现在对某种量子计算技术"下注"还为时过早(见第 5 章)。

即使人们能够生成高质量的量子比特,但在如何制造和使用量子计算机方面,仍面临许多新的挑战。量子计算机与经典计算机不同,需要新的算法、软件、控制技术以及硬件。

技 术 风 险

量子比特无法从本质上抑制噪声

经典计算机和量子计算机之间的主要区别之一,在于如何处理系统中的微小干扰噪声。由于经典比特不是 1 就是 0,即使该值稍微偏离(系统中存在一定噪声),也很容易对信号进行处理,去除噪声。实际上,今天用于制造计算机的、基于比特的经典门运算,具有非常大的噪声容限,能够去除输入中的较大偏差,生成纯净无噪声的输出。由于量子比特可以是 1 和 0 的任意组合,量子比特和量子门无法轻易地去除物理电路中的少量误码(噪声)。因此,进行量子比特运算时出现的少量误码,或者物理系统中的任何嘈杂信号,最终都可能导致量子计算得到错误的输出。所以对基于物理量子比特的系统而言,最重要的一个设计参数是误码率。低误码率一直难以实现。即使在 2018 年实现的 5 个以上量子比特的系统中,进行双量子比特运算的误码率也高达若干个百分点。目前在较小的系统中已经实现了误码率的改进,然而只有将这种改进应用到更大的量子比特系统上,才能成功实现量子计算(见第 2.3 节)。

无误码的量子计算机需要量子纠错

尽管物理量子比特的运算对噪声很敏感,但可以在物理量子计算机上使用量子纠错(QEC)算法来模拟无噪声或"完全纠错"的量子计算机。如果没有量子纠错,那么复杂的量子计算机程序,例如肖尔算法的程序实现,将无法在量子计算机上正确运行。然而,无论是模拟更鲁棒、更稳定的量子比特(称为"逻辑量子比特"）所需的物理量子比特的数量，还是利用物理量子比特来模拟逻辑量子比特的量子运算所需的基本量子比特的运算数量，量子纠错都会产生很大的开销。虽然量子纠错对未来制造无误码量子计算机至关重要，但它的资源开销过高，近期内无法实现。短期的量子计算机仍可能会存在误码，这类量子计算机被称为嘈杂中型量子计算机（NISQ）（见第 3.2 节）。

大量数据输入无法有效加载到量子计算机中

虽然量子计算机可以使用少量的量子比特来表示指数级的数据量，但目前还没有一种方法可以将大量经典数据快速转换为量子态（除非数据可以通过算法生成）。对于需要输入大量数据的问题，绝大部分的计算时间将用于生成输入量子态，从而大幅降低量子计算的优势。

量子算法的设计具有挑战性

测量量子计算机的状态将导致量子态"坍缩"成一种单一的经典结果。也就是说，人们从量子计算机中得到的数据量，与从经典计算机中得到的数据量相同。为了获得量子计算机的优势，量子算法需要通过独特的量子特性，如干涉和纠缠，来获取最终的经典结果。因此，实现量子计算需要新的算法设计规范和非常灵活的算法设计。量子算法的研发是该领域的重点（见第 3 章）。

量子计算机需要新的软件栈

与所有计算机一样，制造一台实用的设备比仅仅制造硬件要复杂得多，因为研究人员还需要工具来编写和调试量子计算机专用软件。由于量子计算机程序不同于经典计算机程序，因此需要进一步研究和开发软件工具栈。由于这些软件工具用于驱动硬件，因此可以同时开发硬件和软件工具链，缩短研发实用量子计算机所需的时间。实际上，使用早期的工具来完成端到端的设计（从应用设计到最终结果）有助于发现隐藏的问题，推动设计取得全面的成功。这也是设计经典计算机时所采用的方法（见第 6.1 节）。

量子计算机的中间态无法直接测量

量子计算机的硬件和软件调试方法至关重要。目前经典计算机的调试方法是基于内存，以及计算机中间状态的读取。但在量子计算机中这两种方法都无法实现。量子态无法简单地进行复制（即不可克隆定理）以用于随后的检验。对量子态的任何测量都将使其坍缩为一组经典比特，从而导致计算停止。新的调试方法对于大型量子计算机的研发至关重要（见第 6.4 节）。

实现量子计算的时间表

预测未来总是有风险的，但如果预测的对象是当前设备的延伸，且没有跨越很多代差，那么我们就可以尝试对未来进行预测。然而，要制造一台能够运行肖尔算法、破译 1 024 比特 RSA 的加密信息的量子计算机，那么这台量子计算机的量子比特数量需要比现有量子计算机高 5 个数量级以上、误码率低 2 个数量级左右，且需要研发用于支持这台量子计算机的软件开发环境。

要解决这些问题，需要在技术上取得许多进展，因此我们无法预测出大型纠错量子计算机的问世时间。尽管研究人员在这些领域正不断取得重大进展，但无法保证能够解决所有的这些问题。在解决这些问题的过程中，可能会出现意想不到的新问题，需要发明新技术，或者在基础科学研究方面取得新成果，从而改变我们对量子世界的理解。委员会没有对具体的时间表进行预测，而是指出了影响技术创新速度的因素，提出了两项衡量指标和若干个里程碑，用于监测该领域所取得的进展（见第 7.2 节）。

由于量子计算机具有独特的性质，其实现将面临一系列的挑战，因此，量子计算机不会直接替代经典计算机。实际上，量子计算机需要通过许多经典计算机来控制运算、执行计算、实现量子纠错。因此，目前研究人员将量子计算机设计为经典计算机的补充设备，它们具有专门用途，类似于协同处理器或者加速器（见第5.1 节）。

在快速发展的领域都存在许多未知和难题，整个行业的发展速度取决于运用新方法和新思想的能力。一些领域对研究成果保密，那么发展速度则会慢得多。幸运的是，迄今为止，许多量子计算的研究人员对技术进展的共享持开放态度，将这种理念保持下去将会不断推进该领域的发展（见第 7.4.3 节）。

重要发现 9：*一个知识共享的开放生态系统，将加速技术的快速发展。*（第 7章）

同样明显的是，一项技术的进步取决于投入该技术的资源，例如人力和资金。尽管许多人认为，在量子系统的量子比特数量方面存在类似摩尔定律的标准，但要记住的是，摩尔定律是良性循环的结果，技术进步使经济收益呈指数级增长，促进了对研发(R&D)和创新人才的投资,从而将技术推动至更高水平。与硅技术一样,要想使量子比特数量呈现类似摩尔定律的持续指数级增长,就需要投资的指数级增长,而维持这种投资需要量子计算机形成投资的良性循环,小型商用量子计算机的成功实现足以促进整个领域的投资增加。如果无法获得阶段性进展并产生商业回报,那么需要政府机构继续为这项研究提供更多的资助。在这种情况下,也需要成功实现一些阶段性的里程碑(见第1.3节)。

由于量子纠错的开销原因,基本可以肯定的是,近期研发的量子计算机将会是嘈杂中型量子计算机(NISQ)。尽管大型纠错量子计算机会有许多有趣的应用,但嘈杂中型量子计算机目前还没有实际的应用。嘈杂中型量子计算机实际应用的创建是一个相对较新的研究领域,需要研究新型的量子算法。在21世纪20年代初期前研发出商用嘈杂中型量子计算机的应用,对于启动投资的良性循环至关重要(见第3.4.1节)。

重要发现3:嘈杂中型量子计算机(NISQ)实际商业应用的研发是该领域迫切需要解决的问题。这项工作的成果将对大型量子计算机的发展速度以及量子计算机商业市场的规模和稳定性产生深远的影响。(第7章)

量子计算机通常可分为三类。"模拟量子计算机"直接对量子比特之间的相互作用进行控制,不需要将这些作用分解为基本的门运算。模拟量子计算机包括量子退火计算机、绝热量子计算机和直接量子模拟器。"数字嘈杂中型量子计算机"通过在物理量子比特上进行的基本门运算来运行算法。这两种计算机都存在噪声,也就是说,质量(以误码率和量子比特的相干时间为标准)将会限制这些量子计算机所能求解的问题的复杂度。"完全纠错量子计算机"是一种基于门的量子计算机,这种量子计算机引入了量子纠错(QEC),因此鲁棒性更好。能够利用有噪声的物理量子比特来等效模拟稳定的逻辑量子比特,因此量子计算机能够可靠地进行任何计算(见第2.6节)。

里　程　碑

量子计算机进展的第一个里程碑是简单的原理验证和数字系统的实现。小型数字嘈杂量子计算机于2017年问世,但其数十个量子比特的误码过高,无法进行纠错。量子退火计算机的研究大约在十年前就开始了,使用的是相干时间较短,但可以实现快速扩展的技术。因此,截至2017年,实验性量子退火计算机已经发展到具有约 2 000 个量子比特。以此作为起点，我们可以通过一些里程碑的实现来确认量子计算机的进展。首先是"量子优越性"的实现。也就是说，能完成一项在经典计算机上难以完成的任务，无论该任务是否具有实际的价值。虽然一些团队一直在努力实现这一目标，但截至 2018 年，该目标尚未实现。另一个重要的里程碑是制造出一台商用量子计算机，能够至少在执行一项实际任务时比任何经典计算机更有效。从理论上来说，这一里程碑比实现量子优越性更加困难，因为相关的应用需要比现有的经典方法更好、更实用。量子优越性的实现也可能很困难，对于模拟量子计算机来说尤其如此。因此，在实现量子优越性之前，可能将会出现一个实用的应用。通过在量子计算机上使用量子纠错来生成逻辑量子比特，从而显著降低误码率，也是一个重要的里程碑，这也是制造完全纠错量子计算机的第一步（见第 7.3 节）。

指　　标

通过追踪量子计算机质量的重要属性，可以对基于门操作的量子计算的研究进展进行监测。这些属性包括：单量子比特和双量子比特运算的有效误码率、量子比特间的连接度以及单个硬件模块中包含的量子比特数量。

重要发现 4：根据委员会目前掌握的信息，现在预测可扩展量子计算机的问世时间还为时过早。近期来看，可以通过在固定的平均门误码率下监测物理量子比特的增长率来监测进展，如使用随机基准测试进行评估。长远来看，可以通过监测系统的逻辑量子比特（纠错）的有效数量来监测进展。（第 7 章）

监测逻辑量子比特的数量和增长率，可以更好地估计未来实现里程碑进展的时间。

重要发现 5：如果研究界确定会将成果公开，我们就能用本报告中提出的指标来比较不同的设备，那么该领域的研究现状将更容易监测。同一组能够在不同量子计算机之间进行比较的基准测试应用程序将有助于提高量子计算机软件的效率和底层硬件的体系结构。（第 7 章）

致力于制造和使用量子计算机的人们

很明显，世界各地都在努力开发量子计算机和其他量子技术。要成功制造一台量子计算机,需要大量、协调一致的研究工作,这些工作不但与基础科学的进步密切相关,而且跨越多个经典学科。

重要发现 8:虽然美国在发展量子技术方面曾处于领先地位,但现在的量子信息科学与技术是一个全球性领域。由于其他一些国家近期进行了大量的资金投入,因此如果美国想保持其领导地位,则需要美国政府的持续资助。(第7章)

此外,目前私企在美国量子计算的研发生态系统中扮演着重要角色。

重要发现 2:如果在近期内商用量子计算机无法研制成功,那么政府的资助可以防止量子计算研发的大幅滑坡。(第7章)

量子计算机与密码学

密码学依靠难以计算的问题来保护数据,量子计算将会对密码学产生重大影响。非对称密码是保护互联网数据流和存储的加密数据的重要手段,在大型量子计算机上运行肖尔算法将大大降低从密码中获取私钥所需的计算量(工作量)。在量子计算机制造出来之前就开始部署使用后量子密码,具有很强的商业利益。公司和政府目前的通信是安全的,但他们无法承担未来通信被破解所造成的损失,即使这个未来是30年后。出于这个原因,有必要尽快开始向后量子密码过渡。因为完全淘汰现有的互联网标准需要十多年的时间(见第 4.4 节)。

重要发现 1:考虑到量子计算的现状和近期的发展速度,在未来十年内,制造出一台能够破译 RSA 2048 或类似的基于离散对数的公钥加密系统的量子计算机的可能性较低。(第7章)

重要发现 10:即使未来十年内无法制造出一台能够破译当前密码的量子计算机,这种计算机的存在也意味着严重的安全隐患,因为过渡到新的安全协议所需的时间非常长,具有不确定性。为将潜在的安全和隐私风险降至最低,最重要的是优先进行后量子密码的开发、规范和部署。(第7章)

由于量子计算机会对当前协议构成巨大威胁,研究人员正积极努力地开发量子计算机无法破译的后量子密码技术——非对称密码。这类密码很可能在 21 世纪 20 年代实现标准化。肖尔算法在破译目前已有的密码方面具有较大潜力,这种潜力也是早期的量子计算研究热潮的主要驱动力。但如果存在能够抵抗量子计算机攻击的加密算法，将会降低量子计算机破译密码的有效性，从长远来看，也会降低量子计算的研发力度（见第 4.3 节）。

追求量子计算的风险和收益

实用量子计算机的实现方面，仍然存在重大的技术障碍，且研究人员无法保证这些障碍能够被克服。量子计算机的制造和使用不仅需要设备工程，而且还需要将计算机科学、数学、物理学、化学和材料科学等一系列学科进行融合。然而，在克服这些障碍时所做出的努力也会给我们带来益处。例如，量子计算机研发的成果已经推动了物理学的进步，如量子引力领域。此外，计算机科学中的经典算法也得到了改进。

重要发现 6：量子计算对于推动基础性研究具有重要价值，这些研究有助于提升人类对未知世界的理解和认识。与所有的基础性研究一样，该领域的进展可能会带来变革性的新知识和新应用。（第 7 章）

制造一台大型纠错量子计算机所面临的挑战十分艰巨。要实现成功的量子计算即需要对量子相干性进行前所未有的控制，通过改进现有的工具和技术，或者开发新的工具和技术，可能实现这种控制。同样是基于量子相干性控制的相关技术，如量子传感和量子通信，也可能取得进展（见第 2.2 节）。

重要发现 7：尽管大型量子计算机的可行性尚不能确定，但实用量子计算机的开发会带来巨大的收益，而且这些益处可能会延伸到量子信息技术的其他近期应用中，例如基于量子比特的传感技术。（第 7 章）

除了量子计算的技术效益和潜在社会效益外，该领域也会对国家安全产生影响。任何持有大型实用量子计算机的实体都可能破译目前的非对称加密系统——这是一种重大的情报优势。意识到这一风险的存在，研究人员已经开始研究部署能够抵抗量子密码破译的加密系统，目前其中的几个系统被认为是"量子安全"的。然而，虽然在政府和民用系统中采用后量子密码可以保护未来的通信，但它不会消除已被对方截获的前量子加密数据的安全风险。应用肖尔算法的量子计算机问世时间越晚，非对称加密数据的价值就越低，这种风险也会随之降低。此外，新的量子算法或量子计算机可能会推动新的量子密码破译技术的发展。与一般的网络安全一样，需要持续进行安全研究，才能了解后量子密码抵抗攻击的能力。

　　然而,国家安全问题比密码学更重要。更大的战略问题是关于未来的经济和技术领导地位。从历史来看,经典计算已经对整个社会产生了变革性的影响。虽然关于量子算法的工业应用和研究才刚刚开始,但很明显,量子计算已经超越了当前的计算范畴。量子计算机有望在许多计算领域用以提高效率,因此,美国政府需要对量子计算机研究提供资助,这一点具有重要的战略价值。

结　　论

　　基于对迄今为止在量子计算领域所取得进展的公开信息的评估,委员会认为,理论上可以制造出一台大型容错量子计算机。然而,要创建出这样一个系统,并将其应用于有实际价值的任务中,仍然面临重大的技术挑战。此外,近期的商业应用的成功实现,以及美国及其他国家的研究进展和技术的开放性,将决定未来的资助力度,并影响实用量子计算机的问世时间。我们可以使用重要发现3中提出的指标来对该领域的进展进行监测。无论何时或能否制造出一台大型纠错量子计算机,对量子计算和量子技术的持续研发将拓展人类科学知识的边界,取得的成果可能会改变我们对未知世界的理解。

第 1 章　计算的发展

最近,关于小型量子计算机的发展及其潜在能力的报道经常出现在大众媒体上,其主要原因是该领域的持续公开研究推进迅速、企业开始进行投资,以及人们对经典计算机性能提升前景的担忧[1]。虽然量子计算领域的进展令人印象深刻,但这样一个系统的潜在应用是什么,如何制造这种量子计算机,以及这项技术何时(是否)会改变目前的计算模式,这些问题仍然悬而未决。

本报告旨在对通用量子计算机的制造可行性、问世时间以及影响进行评估。在考察这一新兴技术之前,我们回顾一下当前商用计算技术的起源和性能、推动其发展的经济推力,以及目前面临的限制,这些回顾很有启发性。这些信息有助于理解量子计算的独特潜力,以及发展新的、有竞争力的计算技术所面临的潜在挑战,并且可以作为量子计算机现实进展的参照。

1.1　现代计算机的起源

一个科学工程领域的进步常常会促进或加速另一个领域的进展,为新科学和新技术的设计与应用开辟新的道路。这种相互联系在计算技术的发展中尤为明显,计算技术是从数学和物理科学的数千年来的进步中产生的,开创了 20 世纪中叶的一项变革性产业。在不到一百年的时间里,实用计算技术的研究、开发和应用已经广泛地改变了科学、工程以及整个社会。

在 20 世纪中叶以前,实用的“计算机”不是机器,而是使用简单工具(如算盘和尺子)进行数学计算的人。今天,我们通常将计算机定义为一台复杂机器,它使用一组明确的规则来控制物理系统中的抽象数据表示,可以比人类更快、更准确或更精确地求解出许多问题。只要给定适当的输入和正确的指令集,计算机就可以输出许多问题的答案。19 世纪初,查尔斯·巴贝奇(Charles Babbage)设计了一台机械计算机——“差分机”来打印天文表格,后来又提出了一种更加复杂的机械计算机——"分析机"。由于缺乏实际的制造技术,当时这两台计算机都没有制造成功,但是它们是通用可编程计算机的首次设想。20 世纪 30 年代,艾伦·图灵(Alan Turing)将他的研究与现代计算机的原理进一步融合。他建立了一个简单计算机的抽象数学模型——"图灵机",这个模型能够模拟其他任何计算设备,具备所有数字计算机的基本功能。

虽然计算是基于数千年来研究人员对数学原理的探索,然而实用设备需要抽象理论的具体物理实现。这种设备的首次成功实现,出现于第二次世界大战期间。艾伦·图灵制造出一台专门用于密码破译的机电计算机"炸弹",并为真正的通用存储程序计算机"自动计算机器"制定了详细规范。在一项独立开发项目中,德国的康拉德·楚泽(Konrad Zuse)使用机电继电器制造出 Z1——第一台可编程计算机。第二次世界大战后,冯·诺依曼体系结构(根据计算存储程序模型对通用图灵机进行了重新设计)成为大多数计算机系统的主要体系结构。

随后的数十年里,在军事资助的大力推动下,计算机的性能不断提高。随着时间的推移,用于制造计算机的物理元件也不断改进。由于新生的计算机工业规模太小,无法推动技术的发展,因此计算机的设计者们采用的是为无线电、电视和电话等商业应用所开发的技术:真空管、晶体管以及集成电路。随着时间的推移,计算行业的发展规模远远超出了最初军事领域的范围,支撑起了专用计算技术的发展。今天,计算是集成电路发展的最大商业驱动力量;其他许多领域均采用计算行业设计的集成电路来满足其需求。因此,今天的电子计算机,从移动设备、笔记本电脑到超级计算机,都是人类理解和控制物理材料与系统的巨大进步的成果。

1.2　量子计算

今天的计算机具有极其复杂的设计,以实现对自然的精细控制,而这些计算机中信息的表示和逻辑处理都可以用经典物理定律来解释。电磁学和牛顿物理学的经典描述能够对物质世界进行直观和确定的解释,但无法对所有的可观察现象进行预测。人们于 19 世纪与 20 世纪之交认识到这一结论,从而催生出物理学最重要的变革——量子力学理论。量子力学(或量子物理学)是一种描述微观世界的理论,它不是确定性的,而是概率性的,具有天然的不确定性。虽然量子力学描述的微小粒子现象是奇特的、与直觉相悖的,但它可以准确预测经典物理学无法预测的许多可观察现象,并在更大的系统中得到正确的经典结果。量子力学的发展改变了科学家理解自然的方式。"量子系统"是指无法通过经典物理方程来对现象进行充分近似估计的微小粒子系统。

通常经典物理学能对可观察现象进行很好的近似估计,但从根本上来说,所有物质都是符合量子力学的,包括今天制造计算机所用的材料。然而,计算机硬件的设计越来越受到其材料的量子特性影响,硬件材料的尺寸不断缩小,也就是说,量子现象将使其设计越来越困难,而这些计算机的运算原理仍然是符合经典物理学的。

尽管今天的计算机有着非凡的性能,但有些应用很难通过计算机进行计算,然而在量子领域进行"计算"则似乎很容易,例如对量子系统的性质和现象进行估计。虽然今天的经典计算机可以模拟简单的量子系统,且常常能在一些复杂的量子系统中得到有用的近似解,但在求解这类问题时,随着模拟系统的规模增加,进行模拟所需的内存量将会呈指数增长。

1982 年,物理学家理查德·费曼(Richard Feynman)提出,量子力学现象本身可以用于模拟量子系统,比在经典计算机上进行简单的模拟更有效[2-3]。1993 年,伯恩斯坦(Bernstein)和瓦兹拉尼(Vazirani)证明[4],量子计算机不符合计算机科学的基本理论——邱奇-图灵论题,即所有计算机的运算速度仅比概率图灵机快多项式时间[5-6]。在执行递归傅里叶采样的计算任务时,量子算法的速度能达到所有经典算法的指数级。达恩·西蒙(Dan Simon)于 1994 年提出了量子算法的另一个例子,证明了在不同计算问题下,算法的速度可以实现指数级提升[7]。迄今为止,量子计算是唯一不符合邱奇-图灵论题的计算模型,因此只有量子计算机的速度才能达到经典计算机的指数级。

彼得·肖尔(Peter Shor)于 1994 年指出,如果我们能够制造出量子计算机,那么理论上使用量子计算机可以更有效地求解一些重要的计算问题。具体来说,他提出了一种能够分解大整数、快速求解离散对数的算法,而这类问题在目前最大型的计算机上需要计算成千上万年。这是一个惊人的发现,因为该结论表明,任何持有真正的量子计算机的人都可以将使用这类问题进行加密的密码破解,加密通信数据和加密存储数据的安全性将受到影响,秘密信息和私人信息将无法受到保护。这些结论激发了研究人员研发其他量子算法的兴趣,其目标是使量子算法的运算速度达到经典算法的指数级。研究人员还尝试研发基本的量子模块,用于制造量子计算机。

经过数十年的研究,研究人员已经制造出了一台非常简单的量子计算机。量子计算机的复杂度将随时间呈指数增长,这点与经典计算机性能的增长类似,前景一片光明。这种预期的增长对于量子计算的未来十分关键,驱动这种增长的因素是什么呢?

1.3　计算的历史进展：摩尔定律

早期的计算机是巨大、昂贵、耗电的设备,通常由政府资助,由于硬件、软件和体系结构的改进,今天的计算机变得更小、更便宜、更高效、更强大。今天的智能手机,也就是放在我们口袋里的"电脑",其计算能力与 20 年前最快的超级计算机相当。计算机硬件的低成本使得计算机无处不在,将上万台、甚至数十万台计算机集中在一起,可以为人们提供网络计算服务。从洗衣机到音乐贺卡,越来越多的产品中都内置了计算机芯片。本节描述了这种现象的来龙去脉,揭示了新计算技术的经验教训和面临的挑战。

集成电路是当前计算机的关键部件。20 世纪 60 年代改进晶体管的工业制造工艺时,集成电路是一项意外的发明。晶体管是一种小型设备,可用于电子开关或放大器,当时用于各种电子设备,包括收音机、电视机、音频放大器和早期的计算机等。为了提高晶体管的质量和产量(降低成本),晶体管初创公司——仙童半导体(Fairchild Semiconductor)进行了多项发明。第一项发明是一种名为"平面工艺"的晶体管制造方法,这种方法能在平坦的硅芯片表面制造出晶体管。以前,晶体管外层的材料需要蚀刻掉,形成一个硅晶体管的"台面"。采用平面工艺能够在一小块硅上制造出许多个晶体管,然后将它们切割开来。第二项发明是一种通过硅表面的金属层将晶体管连接在一起的方法,从而可以形成完整的电路。这种晶体管电路是集成在一小块硅上,叫作"集成电路"(IC)。发明集成电路的一年以前,得州仪器公司(Texas Instruments)的杰克·基尔比(Jack Kilby)进行了原理验证,将多个设备集成到一块粗糙的锗片上,目的也是降低成本,提高晶体管电路的可靠性。

随着时间的推移,集成电路的制造工艺变得越来越复杂,类似于一种分层打印技术。通过连续在多个层中"打印"不同的形状来制造晶体管。将集成电路中所有晶体管的形状逐层"打印"到一块硅片上。无论电路中有多少个晶体管,这一过程所需的时间相同。通过在一块较大的硅晶片(晶圆)上同时制作多个电路,可以进一步降低成本。因此，集成电路的生产成本是由硅的大小决定的，即一个晶圆上可以生产多少个电路，而不是由电路中的晶体管数量决定的。

1964年，同样在仙童半导体公司工作的戈登·摩尔（Gordon Moore）对集成电路的制造成本进行了研究。他发现，由于设计和工艺的改进，能够打印在每个电路上的晶体管数量会随时间呈指数增长，大约每年翻一番。摩尔推测，随着集成电路中晶体管数量的指数增长，集成电路的制造技术将继续得到改进。他在1964年发表的一篇论文中，对世界将如何使用这些集成电路的问题进行了探讨。随后的数十年里，他的关于晶体管数量呈指数增长的猜想被证实是准确的，现在人们通常将其称为"摩尔定律"。

摩尔定律不是一条物理定律，它仅仅是商业周期下集成电路行业的生产趋势的一种经验总结。虽然人们普遍大肆渲染集成电路性能的指数增长，但却常常忽视了支持这种增长所需的成本。过去的50年里，计算机硬件行业的销售额也呈指数增长，增长了1 000多倍，目前每年接近5万亿美元。同一时期，用于研发（R&D）业务的再投资占总收入份额的比例大致保持不变，也就是说，基于摩尔定律的技术改进的经济成本也在呈指数增长。有趣的是，除了技术改进成本的指数增长以外，集成电路制造工厂的建造成本和制造设计成本也呈指数增长。

这里说明了一个关键点：摩尔定律是一种良性循环的结果，集成电路制造业的进步使得制造商能够降低产品的价格，进而他们能销售更多的产品，增加了销售额和利润。收入的增加使他们能够再次改进生产工艺，这一步会更难，因为简单的改进在之前已经实现了。这种循环的关键在于：为自己的产品打造一个不断增长的市场。对于集成电路而言，新的价格标准将促使通用产品的设计师们采用集成电路来取代一些现有的设计，因为集成电路可以让产品更好、更便宜（例如将钥匙锁改为电子锁），从而扩大了集成电路的市场，不断增长的收入可以用于进一步提升集成电路的复杂度。

如果没有形成这样的良性循环，将很难实现指数级的性能增长。研究人员曾尝试用其他材料来制造晶体管，通过这个真实历史案例，我们可以得到这一明显的结论。由于砷化镓（GaAs）制成的晶体管比硅晶体管的性能更高，因此研究人员认为，用砷化镓集成电路来制造计算机比用硅集成电路更合适。出于这个原因，20世纪70年代中期以前，许多研究团队（后来成立公司）都尝试用砷化镓晶体管来制造集成电路。然而，这项工作开始之初，硅集成电路行业已经非常庞大，企业已开始将部分收入用于制造工艺的改进。而砷化镓的制造工艺与硅有着很大的不同,研究人员需要研发砷化镓独特的新的制造流程。这种研发使砷化镓制造商陷入了两难境地:为促进制造研发,他们需要很高的销量;而为获得很高的销量,则需要用最先进的制造技术来与不断改进的硅集成电路竞争。一直以来业界都无法形成突破,商用砷化镓集成电路的制造最终以失败告终。通用数字化砷化镓集成电路从未具有过竞争力。

摩尔定律背后的良性循环不仅仅是在经济层面,一个充满活力的生态系统也很关键,这样才能支撑市场的增长。从许多方面来说,集成电路产业造就了硅谷,并逐渐依靠硅谷,而硅谷后来通过全球化才发展到今天。计算机硬件不断增长的性能和市场份额吸引了风险投资、支柱产业,以及高端人才进入该领域。随后这个不断发展的行业能够解决一些以前无法解决的问题,进一步促进了行业的发展,行业的发展则为这一领域带来了更多的人才。这种良性循环的结果是惊人的。如今,计算机的简单模块——数字门的成本约为百万分之一美分(1 美元可以制造出 100 000 000 个门),这些门在手机中以非常低的功率进行计算,耗时不到 10 ps(千亿分之一秒)。

发现:集成电路的摩尔定律源于一种良性循环,改进后的技术使收入呈指数增长,可以用于研发的再投资,并吸引了新的人才来促进创新,将技术提升至更高水平。

1.4　将晶体管转变为廉价计算机

根据摩尔定律,技术的进步使制造晶体管的成本大约每两年降低一半。过去的半个多世纪以来,晶体管的成本降低了 3 000 多万倍。虽然晶体管成本的降低使制造复杂的集成电路变得经济实惠,但设计这些复杂的集成电路却变得越来越困难。设计含有 8 个晶体管的电路并不难,但设计含有 1 亿个晶体管的电路就是另一回事了。为了解决这个日益复杂的问题,计算机硬件的设计者设计出了新的晶体管电路处理方法,从而能够降低其复杂度。起初他们考虑的是将晶体管连接起来,但不久之后就开始考虑使用"逻辑门",即用布尔逻辑来对晶体管进行表示和建模。随着复杂度的不断增加,在更大的电路中对逻辑门进行分组,可以进一步降低设计者所需要处理的复杂度。这种设计方法使得人们在构建系统时不必考虑每一个细节,该方法也称为"抽象"。通过使用抽象,我们能够按功能原理对计算机的基本组件进行分组。

计算机使用的是另一种设计抽象，它从存储器中读取一组指令来控制晶体管电路。一旦制造出复杂的集成电路，我们就可以把小型计算机集成到一个集成电路上，制造出一台"微型计算机"或"微处理器"。这种设计使得晶体管的使用变得简单。新的应用不再需要设计和制造特定的集成电路，仅需要改变现有的微处理器指令，就能实现所需的功能。由于这种方案易于研发和部署，计算成本也大幅降低，因此这类设备的需求大增。计算机之所以能无处不在，是通过更低的成本和更高的收入来实现的，符合摩尔定律。晶体管的价格越来越便宜，工业界可以通过计算这种方式来产生人们需要的商品。

晶体管的成本呈指数降低，在带来许多好处的同时，也提出了一些新的需求——创建大量抽象层、编写新的软件（计算机程序）、设计新的框架。虽然这些软件和框架的开发成本很高，但是前期产品的收入和未来产品的预计收入可以维持研发。尽管如此，先进芯片的设计费用仍然很高，成本超过 1 亿美元。由于每台设备的成本包括制造成本与分摊的设计成本，因此只要销量足够大（通常为1 000 万台或更多），每台设备分摊的设计成本就比较低，基于集成电路的计算机就会变得便宜。因此，计算机产品比专用的计算机便宜得多。

新的计算方法，如量子计算，改变了计算机的基本模块。量子计算机需要新的硬件模块，以及新的抽象层、软件、设计框架。这样，即使系统的复杂度不断增加，设计师也能构建和使用这些系统。对于量子计算机来说，制造这些新的硬件和软件工具的成本非常重要。早期的量子计算机的价格会非常高，否则将无法收回成本。一般而言，当新老两种技术进行竞争时，高昂的成本对新技术不利。

1.5　计算机性能的增长率下降

尽管摩尔定律反映了数十年来经典计算的巨大进步，但很明显，由于物理上的限制和全世界市场的规模限制，计算机性能的指数增长不可能无限持续下去。何时会停止这种增长？尽管人们对此看法不一，但过去十年来，种种迹象表明，这种增长已接近尽头。摩尔定律实际上反映的是晶体管的成本，然而在近期的尖端技术中，晶体管成本的降低速度不再像以前那么快。此外，国际半导体技术蓝图(ITRS)是一个国际财团，其目标是保证技术的进步符合摩尔定律，并解决遇到的困难。该财团预计，2021 年左右将可以生产出 5～7 nm 的芯片，此后，他们决定不再对芯片的尺寸进行预测。

如图 1.1 所示,集成电路行业的净收入的增长率明显呈降低趋势。当收入呈指数增长时,收入随时间变化的半对数图是一条直线。数据显示,2000 年以后,收入仍然在增长,但增长率在降低。该图表明,技术的每一次进步都给行业带来了更多投资,但这种良性循环的速度已开始下降。收入增长率的降低可能会影响到技术开发,从而对技术的进步造成影响。增长率的降低并不奇怪,因为该行业的销售额为 3 000～4 000 亿美元,仅仅占全球制造业 GDP 的几个百分点。它的增长率不可能永远高于世界 GDP 增长率。

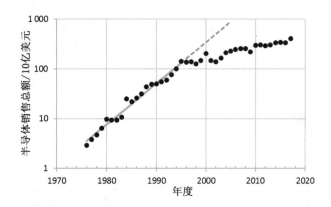

图 1.1　年度全球半导体销售总额的半对数图和趋势线,单位为十亿美元。该图显示,在 1995 年以前,销售额基本呈指数增长(如灰色趋势线所示,年增长率为 21%),随后是较为缓慢的增长

资料来源:《行业统计》,半导体工业协会,最后修改日期为 2018 年 2 月 6 日,http://www.semiconductors.org/index.php? src = directory&view = IndustryStatistics&srctype = billing_reports&submenu=Statistics

1.6　量子计算:一种新的计算方法

在这个大背景下,量子计算的理论雏形应运而生。如第 1.2 节所述,量子计算利用的是量子世界的一些独特性质,是一种完全不同的计算方法。这种计算方法于 20 世纪 80 年代被正式提出,新的算法于 20 世纪 90 年代提出,当时没有人知道如何制造这种类型的计算机。过去的 20 年来,制造量子计算机的研究取得了显著进展,重新唤起了人们对这项技术的兴趣。实用量子计算机的计算性能增长是否符合摩尔定律,这一点还有待观察。砷化镓集成电路实验的失败表明,试图进入一个已经有主导产品的市场十分困难。尽管如此,量子计算是人们提出的唯一的新计算模型,它不符合邱奇-图灵论题。量子力学是一种比经典力学更通用的物理模型,而量子计算则是一种更通用的计算模型。从理论上来说,量子计算有可能求解一些经典计算机无法求解的问题。显然,这种"量子优越性"是一种颠覆性技术,而不是增量创新。人们十分向往量子计算,对量子计算的商业应用也非常感兴趣。

下一章描述的是量子计算背后的物理现象,并把相关的运算原理与经典计算机的运算原理进行比较。随后的章节探讨的是哪些任务更适合使用量子计算机来执行、量子计算机对密码学的影响、制造量子计算机所需的硬件和软件,以及制造量子计算机所用到的物理技术的优缺点。最后,本书对制造出实用量子计算机的可能性、时间表和所需的资源,以及用于监测未来进展的里程碑和指标进行了评估。

1.7 参考文献

[1] 参见: J. Dongarra, 2018, "The U.S. Once Again Has the World's Fastest Supercomputer. Keep Up the Hustle," The Washington Post, June 25, https://www. washingtonpost. com/opinions/united-states-wins-top-honors-in-supercomputer-race/2018/06/25/82798c2c-78b1-11e8-aeee-4d04c8ac6158_story.html;

J. Nicas, 2017, "How Google's Quantum Computer Could Change the World," Wall Street Journal, October 16, https://www. wsj. com/articles/how-googles-quantum-computer-could-change-the-world-1508158847;

J. Asmundsson, 2017, "Quantum Computing Might Be Here Sooner than You Think," Bloomberg, June 14, https://www. bloomberg. com/news/features/2017 - 06 - 14/the-machine-of-tomorrow-today-quantum-computing-on-the-verge;

D. Castevecchi, 2017, Quantum computers ready to leap out of the lab in 2017, Nature 541 (7635): 9-10.

[2] R. P. Feynman, 1982, Simulating physics with computers, International Journal of Theoretical Physics 21(6-7): 467-488.

[3] S. Lloyd, 1996, Universal quantum simulators, Science 273(5278): 1073-1078.

[4] E. Bernstein and U. Vazirani, 1993, "Quantum Complexity Theory," pp. 11 - 20 in Proceedings of the Twenty-Fifth Annual ACM Symposium on Theory of Computing (STOC '93), Association of Computing Machinery, New York, https://dl. acm. org/citation.cfm? id=167097.

[5] P. Kaye，R. Laflamme，and M. Mosca，2007，An Introduction to Quantum Computing，Oxford University Press，Oxford，U.K.

[6] M. A. Nielsen and I. Chuang，2002，Quantum Computation and Quantum Information，Cambridge University Press，Cambridge，U.K.

[7] D. Simon，1997，On the power of quantum computation，SIAM Journal on Computing 26 (5)：1474-1483.

第 2 章　量子计算：新的计算模式

目前计算机的工作原理是将信息转换成一串二进制数字或比特，利用含有数十亿个晶体管的集成电路对这些比特进行运算。每个比特只有两种值 0 或 1。通过对这些二进制数字的控制，计算机实现了文本文档和电子表格的处理，创造出游戏和电影中惊人的视觉效果，能够提供人们日常所需的网络服务。

量子计算机也用一串比特来表示信息，称为量子比特或量子位。和普通比特一样，量子比特也可以是 0 或 1，但与普通比特不同的是，普通比特只能是 0 或 1，而量子比特还可以同时处于这两种状态。将其扩展至多量子比特系统时，这种同时处于两种状态的特性就具备潜在的量子计算能力。然而，量子系统的一些规则，决定了这种计算能力的开发比较困难。如何更好地利用量子特性，以及这些特性所带来的进步，还有待进一步的研究。

本章介绍了量子世界的一些独特性质，阐述了部分特性所带来的计算优势，以及其他特性会限制这些优势的原理。通过比较经典比特和量子比特的控制机制，说明了量子计算的特殊挑战和益处。最后，本章描述了研究人员目前正在研究的量子计算机的类型，后续章节对量子计算机的进展进行了评估。

2.1　量子世界中的物理学并不直观

量子力学最早出现于 20 世纪初，是一种经过反复验证的解释物理世界的模型。通过基本的抽象规则及其数学表示，该理论描述的是距离和能量都非常小的粒子现象。这些性质是我们理解所有物质的物理和化学性质的基础。量子力学关于较大物体的结果是可观察的、直观的，符合我们的预期。但它对较小的亚原子粒子现象的描述虽然准确，却比较奇特，而且也不直观。

量子力学理论认为，量子对象一般不存在完全确定和已知的状态。实际上，每次对一个量子对象进行观察时，它能够表现出粒子性质，但不对其进行观察时，它往往表现出波的性质。这种波粒二象性造成了许多有趣的物理现象。

例如，量子对象可能同时存在多种状态，这些状态叠加在一起，且像波一样存在干涉，形成了整个量子态。一般来说，任何量子系统的状态都是用波函数来描述的。在许多情况下，系统的状态可以通过数学方法表示为所有的子状态之和，每种子状态的系数都是复数，反映的是该子状态的相对权重。我们称这些子状态是"相干的"，因为它们和波前一样，存在相长干涉和相消干涉。

然而，当人们尝试观察量子系统时，却只能观察到它的一部分，其概率与系数绝对值的平方成正比。对于观察者来说，在测量时系统看起来总是符合经典理论的。对量子对象（或量子系统，即量子对象系统）进行观察，其正式名称为"测量"。当量子对象与用于获取信息的某个更大的物理系统相互作用时，即进行了测量。测量会从本质上破坏量子态：被测量的波函数"坍缩"成为一种可观察的状态，从而造成信息的丢失。测量之后，量子对象的波函数变成测量后状态的波函数，而不是测量前状态的波函数。

为了直观地说明这一点，举个例子：桌面上有一枚普通的硬币，在我们日常的经典世界里，它的状态要么是正面朝上的（U），要么是正面朝下的（D）。而一枚量子硬币则同时存在两种状态的组合，也称"叠加态"。量子硬币的波函数可以写成两种状态的加权和，分别用系数 C_U 和 C_D 来表示。然而，尝试对量子硬币的状态进行观察将导致测量时硬币只处于两种状态中的一种，要么正面朝上，要么正面朝下，其概率与相应系数的平方成正比。

由于两枚普通硬币有四种可能状态（UU、UD、DU 和 DD），因此两枚量子硬币存在这四种状态的叠加态，每种状态都通过各自的系数 C_{UU}、C_{UD}、C_{DU}、C_{DD} 来进行加权。对于数量更多的量子硬币，依此类推。

测量两枚量子硬币将会得到两枚普通硬币所产生的四种结果中的一种。类似地，观察一个 n 枚量子硬币的系统，将会得到 2^n 种可能状态中的一种。

在某些情况下，系统中的两个或两个以上的量子对象可能会自然地联系在一起，因此，无论两个量子对象相距多远，对一个量子对象进行测量则会决定另一个量子对象的测量结果。这种现象所包含的"纠缠"特性是量子计算能力的关键所在。

任何量子系统都是根据薛定谔方程来进行演化的。在给定的能量环境下，薛定谔方程决定了系统的波函数变化。其中，能量环境是由系统哈密顿量来定义的。哈密顿量是系统中所有粒子产生的所有力的能量的数学表示。要控制一个量子系统，需要精心控制它的能量环境，既要将系统与其他部分（包含难以控制的力)隔离开来,又要在隔离区域内施加能量场,从而得到所需的现象。在实际的运算中,可以将环境的相互作用最小化,但无法实现完全隔离。随着时间的推移,量子系统会与更大的环境交换能量和信息,这个过程称为"退相干"。也就是说,环境会不断地对系统进行细微的随机测量,每一次测量都会造成波函数的部分坍缩。

框注 2.1 对上述独特性质进行了总结,这些性质都是在基础科学研究中发现的。通过精细控制,物质的这些自然特性能催生新的工程模式,特别是在编码、控制和信息传递等领域。

 框注 2.1

量子世界的独特性质

量子力学理论是在微观层面上对世界的数学描述,是理解和预测物理世界性质的最准确的理论。量子的相互作用与人们日常生活中的经验完全不同。量子力学的一些原理定义如下。

● 波粒二象性——量子对象通常具有类波和类粒子的特性。系统的演化符合波动方程,而对系统的任何测量都将得到一个符合粒子特性的值。

● 叠加——量子系统可以同时存在两个或多个状态,这称为状态的"叠加"或"叠加态"。这种叠加态的波函数可以描述为子状态的线性组合,其系数为复数。系数描述的是子状态的权重和相对相位。

● 相干性——如果量子系统的状态可以用一组复数来描述,且每个复数对应系统的一个基态,则称系统的状态是"相干的"。相干性才能形成量子现象,如量子的干涉、叠加和纠缠。与环境的细微相互作用会导致量子系统逐渐退相干。系统始终在与环境进行相互作用,因此每种状态的复系数都是基于概率的。

● 纠缠——纠缠是部分(不是所有)多粒子叠加态的特殊性质。尽管粒子相距很远,且没有明显的相互作用方式,但测量一个粒子的状态会使其他粒子的状态坍缩。当不同粒子的波函数不可分时(用数学术语来说,即整个系统的波函数不能写成每个粒子波函数的乘积),就会出现这种情况。经典物理理论中则没有这种类似现象。

● 测量——对量子系统的测量会改变量子系统的本质。当测量得到明确的值时,系统处于与测量值相对应的状态。这种现象通常称为"波函数的坍缩"。

只要以可控的方式利用这些特性,就可以得到新的工程模式。

2.2　量子技术的前景

过去的数十年里，在控制和利用量子系统能力方面取得了重大进展，反映了量子技术的变革性潜力。在公众看来，量子计算领域的成果是最明显的，但需要注意的是，量子现象的应用范围比量子计算本身更广。量子信息科学里的量子通信与网络、量子传感与计量等分支也是基础科学研究的新兴领域，技术目标清晰。虽然这些领域的技术成熟度不同，但它们之间的界限难以划分，因为所有这些领域都是基于相同的基础现象，面临许多相同的挑战[1]。它们利用的都是量子系统的独特性质，基于相同的基础物理理论，使用了许多相同的硬件和实验室技术。因此，它们的进展是相辅相成的。如果想要大致了解这些领域的研究成果，可以查看一段时间内研究论文的发表数量。量子计算与算法、量子通信、量子传感与计量的研究趋势如图 2.1 所示。

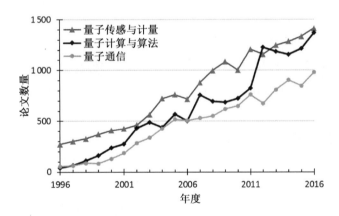

图 2.1　每年在量子计算与算法、量子通信、量子传感与计量领域发表的研究论文数量。关于不同国家研究成果的讨论见附录 E。该数据是美国达尔格伦海军水面作战中心的一个团队的文献计量分析结果

资料来源：杰克·法林霍尔特（Jack Farinholt）

通常，量子信息科学领域探索的是如何在量子系统中将信息编码，包括量子力学的相关统计、存在的局限性及其独特的可供性。量子信息科学领域是量子计算、通信，以及传感的主要基础。

量子通信的研发重点是，在量子系统中将信息进行编码，以传输或交换信息。无论是将信息从量子计算机的某个硬件传输到其他硬件，还是实现量子计算机之

间的通信,量子计算都离不开量子通信协议。量子通信的一个分支是量子密码学,即利用量子特性来设计不会被第三方窃听的通信系统。

量子传感与计量涉及量子系统的研发,利用其对环境干扰的极端敏感性,从而能以比经典技术更高的精度来测量重要的物理性质(如磁场、电场、重力及温度)。量子传感一般是基于量子比特,使用的许多物理系统与实验量子计算机相同。

本报告主要聚焦于量子计算,量子计算是利用干涉、叠加以及纠缠等量子力学特性,来执行类似于经典计算机上的计算(两者的计算方式完全不同)。一般来说,量子计算机是一个包含量子比特集合的物理系统。这些量子比特可以进行控制和运算,从而实现某种算法,通过对系统最终状态的测量,能够以大概率给出问题的答案。量子计算机的量子比特本身需要与环境充分隔离,这样它们的量子态才能在计算过程中保持相干性。

发现:量子力学的研究已经给物理学带来了根本性的进展,以及具有潜力的新技术,如量子传感。这些进展和应用可以进一步地推进研究工作,有助于加深人类对量子现象的认识,促进量子工程方法的改进。

本章的其余部分将对经典计算与量子计算的基础进行比较,从而说明两者之间的根本区别,并对量子计算的性质做了基本概述。

2.3 比特与量子比特

为了深入理解量子特性如何实现新的计算模式,以及如何应对随之而来的挑战,本节对经典计算的基础进行了简要概述,包括计算机如何处理用比特来表示的信息。接着介绍了量子系统中的量子比特,并对两者的性质进行了比较。

2.3.1 经典计算:从模拟信号到比特和数字门

目前,强大的经典计算系统是基于可靠的物理组件。晶体管是经典计算机中集成电路的基本组成单元,通过使用电子信号来实现相互通信。这些信号本质上是"模拟"信号,也就是说,它们的值会随着温度或运算速度而平稳变化。电路中的晶体管通过导线进行连接,利用导线将电子信号从一个设备传导到另一个设备。然而,这些电子信号也会与它们的环境发生相互作用,这种相互作用会破坏或"扰乱"它们的值。这种扰动称为"噪声"。噪声有两种:第一种是基本噪声,是由温度高于绝对零度的物体内部自发产生的能量波动所引起的；第二种是系统噪声，是由信号的交互所产生的，理论上可以对其进行建模和校正。但一直以来，要么没有进行建模，要么建模不正确，要么在硬件层面没有进行校正。系统噪声有许多来源。例如，抽象可以用于降低设计的复杂性，创建复杂系统离不开抽象。然而，抽象常常又会引入系统噪声，由于实现细节被隐藏了起来，设计者使用抽象时，并不清楚详细实现细节。即使信息没有被隐藏，制造过程的差异也会产生系统噪声。虽然设计人员可以大致地考虑信号的交互作用，但实际上，制造过程并不完全精确，因此制造出的系统将会与设计的系统略微不同。这种差异也会引起系统噪声。针对这些差异所引起的噪声，电路需要具有鲁棒性，才能正常工作。

当一个电路是模拟电路时（即输入或者参数上的细微差异会造成输出的细微差异），噪声的影响通常是累加性的，会随着信号连续通过多个电路而累加。虽然每个阶段增加的噪声非常小，不会干扰特定的流程，但累加的噪声最终可能会变得比较大，从而影响结果的准确性。因此，电子模拟计算机虽然结构并不复杂，但一直都没有受到"追捧"，20 世纪 50 年代和 60 年代后人们就不再使用了。

为了解决模拟电路的噪声问题，大多数集成电路都使用晶体管来生成数字二进制信号（称为"比特"）。这种电路称为"数字门"，或简称"门"，它把电子信号视为二进制值，即 0 或 1，而非在 0 和 1 之间平稳变化的实数。一些名为"寄存器"或"存储器"的门可用于存储比特值，还有一些门可用于处理输入比特值，并生成新的输出比特值。通过对信号携带的值进行限制，门可以将信号中的噪声排除，即"抗噪性"。实现方法是将所有电平值接近 0 的信号都视为 0，将所有电平值接近 1 的信号都视为 1，输出的电压值不是精确的输入值。如图 2.2 所示的是模拟放大器与数字逻辑门（逆变器）的输入与输出关系，因此，逆变器抑制的噪声能够达到输出的三分之一。

通过构建对大多数制造和设计差异不敏感的鲁棒电路框架，完全使用数字门来制造集成电路，大大简化了数字系统的设计过程。因此，设计者可以忽略所有的电路问题，只需将门看作是接收二进制值输入且输出二进制值的函数（布尔函数）。通过这种方式执行的函数完全可以用布尔代数的已有规则来进行描述。布尔代数的已有规则描述的是如何将任意复杂的布尔函数分解为若干简单的运算，如表 2.1 所示。通过这种转换，今天的硬件设计者们能在相对较高的抽象级别上描述他们的设计，且能够使用自动化设计工具将其映射到所需的逻辑门，这一过

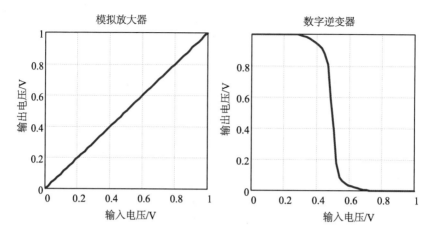

图2.2 模拟放大器与数字逻辑门(逆变器)的输入与输出关系示例。对于模拟电路,输入电压的细微差异将造成输出电压的细微差异。对于数字逆变器,当输入电压接近0 V或1 V时,输入电压的差异不会对输出电压造成影响。数字逆变器能够抑制接近两个布尔值(0 V和1 V)的输入噪声,我们称其为抗噪性

资料来源：使用亚利桑那州立大学预测技术建模工作中的45 nm晶体管模型,通过HSPICE生成数据。详见纳米集成与建模(NIMO)团队,《简介：预测技术模型》,http://ptm.asu.edu/。

程称为"逻辑分解"。由于基本模块的数量有限,因此所有的集成电路制造商都有一套经过预先设计和测试的逻辑门,也称"标准元件库"。设计芯片时可以集成这套标准元件库,并通过制造技术将其内置在硅芯片中。

表2.1 基本布尔运算

布尔运算	输入		输出	符号表示
	x	y		
与(AND)	0	0	0	$x \wedge y$
	0	1	0	
	1	0	0	
	1	1	1	
或(OR)	0	0	0	$x \vee y$
	0	1	1	
	1	0	1	
	1	1	1	

（续表）

布尔运算	输入		输出	符号表示
	x	y		
异或（XOR）	0	0	0	$x \oplus y$
	0	1	1	
	1	0	1	
	1	1	0	
非（NOT）	0		1	$\sim x$
	1		0	

注：目前，通过数字逻辑门实现的基本布尔运算是计算的基本组成部分。所有的基本运算都可以由其中两种运算构成：非（NOT）和与（AND），或者非（NOT）和或（OR）。

通过使用数字逻辑和标准库，可以使逻辑门的设计更加鲁棒，即误码率可以忽略不计。集成电路制造商会提供一些检查工具，用于对设计进行分析，以确保其系统噪声不超过门的噪声容限，从而可以用底层组件实现逻辑抽象。

即使数字门有很大的噪声容限，但当噪声非常大时，会影响到存储在存储器中的布尔值。为了获得高密度和高性能，这些结构通常允许较大的设备差异，具有较小的噪声容限，因此大的噪声会影响到数字输出。新增误码保护层可以实现纠错。使用纠错码（ECC）对数据进行"编码"，添加一些比特作为存储值的冗余。每次读取时，对纠错码进行检查，从而可以检测出存储错误。目前研究人员已开发出高效的纠错码，具有很小的开销（在 64 比特的值上添加 8 比特，开销小于15%），能对存储运算中的任意单比特误码进行检测和纠正，还能检测出 2 比特误码。有效的纠错方案是目前经典计算系统取得成功、具备可靠性的关键。在量子计算中，这种算法层面的纠错更为重要，因为量子门基本没有任何先天的抗噪性，下一节将对这一点进行说明。

数字设计流程对设计的其他方面也有帮助，例如测试和消除设计中的错误，这一过程通常称为"调试"。在集成电路中，需要处理的错误有两种：设计错误和制造缺陷。由于当前系统十分复杂，设计中不可避免地会出现一些错误（bug），因此对任何设计方法来说，找到并纠正这些错误十分关键。当电路集成在一小块硅片上时，很难或无法通过观察内部信号来发现错误。为了改进这种情况，可以使用分解工具，将高级设计映射到门，在设计中增添附加硬件，形成内部测试点，支持设计调试。这些内部测试点还能够进行自动测试，确保制造出的芯片执行的布尔函数与设计时的完全相同,从而能够大大简化制造的测试工作。

下一节介绍的是,虽然量子计算机具有类似比特的结构(称为"量子比特")和门,但其运行方式与经典比特、数字门完全不同。量子比特具有数字和模拟两种特性,具备潜在的计算能力。量子比特的模拟特性意味着,量子门与经典门不同,量子门没有噪声容限(输入的误差会直接传递到门的输出),但通过量子比特的数字特性可以使其从严重缺陷中恢复。因此,为经典计算而开发的数字设计方法和抽象无法直接用于量子计算。量子计算也许能借鉴经典计算的思想。然而,它最终需要的是一套自己的方法,以缓解差异和噪声所带来的影响。此外,针对设计错误和制造缺陷,还需要开发出量子计算的调试方法。

2.3.2 量子比特

在制造普通的集成电路时,设计者会竭尽全力将量子现象的影响降到最低,包括影响晶体管性能的噪声和其他误差,特别是当设备越来越小时,这种影响更明显。量子计算所采取的方法与经典比特完全不同,即通过量子比特来利用量子现象,而不是降低其影响。

一个量子比特具有两种量子态,与经典比特的二元态类似。虽然量子比特可以处于两种状态中的任意一种,但是它还可以处于这两种状态的"叠加"中(如前文所举的量子硬币的例子)。这种状态通常用狄拉克符号来表示。因此,一个量子比特的两个分量,也称"基"态,通常写为 $|0\rangle$ 和 $|1\rangle$。任意给定的量子比特的波函数都可以写成这两种状态的线性组合,每种状态都有各自的复系数 a_i:$|\psi\rangle = a_0|0\rangle + a_1|1\rangle$。由于读取一种状态的概率与其系数大小的平方成正比,因此,$|a_0|^2$ 对应的是检测到状态 $|0\rangle$ 的概率,$|a_1|^2$ 对应的是检测到状态 $|1\rangle$ 的概率。每种可能的输出状态的概率之和必定为1,数学表达式为 $|a_0|^2 + |a_1|^2 = 1$。

一个经典比特只能定义为1或0,但一个量子比特可以定义为 a_0 和 a_1 的连续值,实际上这两个值是模拟的。也就是说,如果概率之和为1,那么每种状态的概率可能是0和1之间的任何值。当然,在测量或"读取"量子比特的状态之前,存在无数种概率值。测量后的结果就和一个经典比特一样,要么为0,要么为1,得到某个值的概率与对应状态的系数绝对值平方成正比,即 $|a_0|^2$ 或 $|a_1|^2$。此外,在测量时,量子比特的系数(振幅)会发生变化,如果读取的状态系数为1,那么另一个系数则为0。测量时会破坏所有的振幅信息。表2.2列出了给定初始态的单量子比特的测量结果与概率,框注2.2对此进行了更详细的解释。

表 2.2 给定初始态的单量子比特的测量结果与概率

测量前量子比特状态（波函数）	测量结果	结果概率	测量后量子比特状态
$\|\psi\rangle = \|0\rangle$	0	100%	$\|\psi\rangle = \|0\rangle$
$\|\psi\rangle = \|1\rangle$	1	100%	$\|\psi\rangle = \|1\rangle$
$\|\psi\rangle = \dfrac{1}{\sqrt{2}}\|0\rangle + \dfrac{1}{\sqrt{2}}\|1\rangle$	0	50%	$\|\psi\rangle = \|0\rangle$
	1	50%	$\|\psi\rangle = \|1\rangle$
$\|\psi\rangle = \dfrac{1}{2}\|0\rangle + \dfrac{\sqrt{3}}{2}\|1\rangle$	0	25%	$\|\psi\rangle = \|0\rangle$
	1	75%	$\|\psi\rangle = \|1\rangle$
$\|\psi\rangle = \dfrac{1}{2}\|0\rangle + \dfrac{\sqrt{3}\,\mathrm{e}^{-\mathrm{i}\pi/4}}{2}\|1\rangle$	0	25%	$\|\psi\rangle = \|0\rangle$
	1	75%	$\|\psi\rangle = \|1\rangle$

 框注 2.2

单量子比特的测量

当一个量子比特处于状态 $|\psi\rangle = |0\rangle$ 时，测量结果将会是 0，概率为 100%，这里与经典比特的情形相同。类似地，当一个量子比特处于状态 $|\psi\rangle = |1\rangle$ 时，测量结果将会是 1，概率为 100%。

对于处于叠加态的量子比特，测量结果就不是那么简单了，即使是已知状态，其测量结果也无法进行确切的预测。例如，叠加态 $|\psi\rangle = \dfrac{1}{\sqrt{2}}|0\rangle + \dfrac{1}{\sqrt{2}}|1\rangle$，得到任一结果的概率相等，均为 50%（概率为振幅的平方，$\dfrac{1}{2}$）。重复对这种状态进行制备和测量，将得到一串随机的结果序列。随着试验次数的增加，得到每种结果的概率接近于相等，就跟抛掷经典硬币一样。因此，可以将这种状态理解为"量子硬币"。

在测量得到一个特定值之后，量子比特就将处于与该值相对应的状态。例如，如果测量的结果是 1，那么无论测量前的量子比特处于何种状态，测量后的量子比特的状态都是 $|\psi\rangle = |1\rangle$。

2.3.3 多量子比特系统

现在考虑双比特系统。在经典系统中，两个比特具有四种可能的组合，即

00、01、10 和 11。为了使用经典电路来计算每种双比特布尔函数输入的结果,需要生成相应的信号,并将信号依次发送到该函数或其他函数所对应的门。

另一方面,如果使用量子计算机,可以通过四个量子基态 $|00\rangle$、$|01\rangle$、$|10\rangle$ 和 $|11\rangle$ 的叠加,将所有的四种可能性都编码成双量子比特的状态。使用一个量子门来执行计算,该量子门可以同时对所有的状态进行并行运算。因此,多量子比特系统非常强大,这点很容易理解。然而,正如前文所述,从量子系统中获取任何对应的值都很困难,我们将在后面两节对此进行说明。

多量子比特的另一个强大之处在于,完全表示特定量子比特系统状态所需的信息量。普通的双比特数字系统需要两个比特信息来表示其状态。然而,一个双量子比特系统存在四种状态的叠加,$|00\rangle$、$|01\rangle$、$|10\rangle$ 和 $|11\rangle$,因此需要四个复数来完全描述量子态,a_{00}、a_{01}、a_{10} 和 a_{11}。通过这四个系数,可以将两个量子比特的所有运算结果进行编码。如果对系统进行测量,可以得知最终每种状态的概率。对于三量子比特系统,需要指定基态 $|000\rangle$、$|100\rangle$、$|010\rangle$、$|001\rangle$、$|110\rangle$、$|101\rangle$、$|011\rangle$ 和 $|111\rangle$ 的八个系数,从而得到三量子比特的波函数。按照该逻辑进行推理,一个 n 量子比特系统需要指定 2^n 个系数 a_i,而经典计算机则需要 n 个比特。因此,32 个量子比特能够表示 32 比特系统的所有 2^{32} 种可能的输出,这种量子态的指数增长表明,量子计算机十分强大。然而,随着量子比特数量的增加,对其进行传统建模将变得困难重重。

此外,虽然量子比特的名称中有"比特",但它们既不是数字的,也不是纯二进制的。利用系数值 a_i 将量子比特系统的状态进行编码,这是一组模拟信号(复数),不具备抗噪性。数字系统只有两种合法值(0 和 1),因此很容易消除系统中的噪声。这些值都接近 0 或 1,只有细微的偏差。例如,如果输入信号值为 0.9,那么基本可以确定该输入为 1,因此,只要在计算输出之前将该输入值视为 1,门就可以"消除"噪声。但在模拟信号中,0 到 1 之间的任何值都可能是有意义的,也是允许出现的,因此无法得知信号是否正确,或者是否被噪声干扰。例如,0.9可能代表有误码的 1,也可能代表没有误码的 0.9。在这种情况下,最好的办法(使净误差值最小的方法)是假设误差总是为零,将噪声值也视为实际信号。也就是说,量子比特系统的物理实现中的噪声会干扰到实际的 a_i 值,并影响量子计算结果的"保真度"。量子门没有噪声容限,因为它们的输入(初始的 a_i 值)和输出(最终的 a_i 值)都是模拟值。由于没有一种模拟门能够完全与其对应(无法做到完全精确),因此,每次门运算也都会在整个系统中增加噪声,噪声的大小取决于门运算的精度。

通常情况下，缺乏抗噪性即意味着"计算深度"（量子计算机可以精确执行的顺序运算的数量）将受到限制，与所有模拟计算机类似。然而，量子门并不是完全模拟的：对量子比特进行测量，总是会返回一个二进制值。这种输入和输出之间的数字关系意味着，可以将逻辑纠错应用于量子计算机，量子门是量子计算机的基本运算。量子纠错（QEC）算法，可以在有噪声、基于门的量子计算机上运行，从而减少误码，对无噪声系统进行模拟。与第 2.3.1 节中提到的经典纠错码一样，量子纠错也需要添加冗余。这些冗余需要与系统其他状态进行量子纠缠，才能实现纠错。与经典纠错码不同之处在于，经典纠错码的开销很小，而量子纠错码的开销往往很高，与执行无纠错计算所需的量子比特数量相比，可能会增加许多个数量级。关于量子纠错算法，第 3.2 节中有更详细的描述。

2.4 用量子比特来计算

量子态和量子门的模拟性质极大地改变了量子计算机的设计方法和电路结构（见图 2.3）。在传统的计算机设计中，数字信号和门的抗噪性可以优化性能，也就是说，能够将并行（同时）执行的运算数量最大化。一个集成电路包含数以亿计的门，位于不同位置。通过导线将门的输出（1 或 0）与使用该电信号作为输入的门相连。虽然制造的差异会使每个门稍有不同，且导线上的电信号会相互作用并引入系统噪声，但数字门的抗噪性足以消除所有这些噪声源的影响。因此，即使对数百万个门进行并行运算，系统也能够正常运行，得到的输出与所设计的布尔模型的输出相同。

由于量子信号是模拟的，对噪声很敏感，因此量子系统设计采用了完全不同的方法。这里关键的设计目标，是将引入至量子比特的噪声降至最低，这样量子态就不会通过噪声信道（如长导线）传输。因此，通常这类系统的关注点是：如何生成量子比特，或者量子比特的容器，以及支持量子态进行各种运算所需的相关电路，包括量子比特与相邻量子比特的纠缠。在量子系统中，是将运算（门）发送给量子比特，而在经典计算机中，则是将比特发送给门。

除了结构上的差异之外，由于量子计算机运算的值的类型与经典计算机不同，因此它们无法使用那些控制经典比特的逻辑门抽象。使用量子比特进行计算需要新的抽象，以实现量子态的特定变化。所有的量子系统都是通过改变量子比

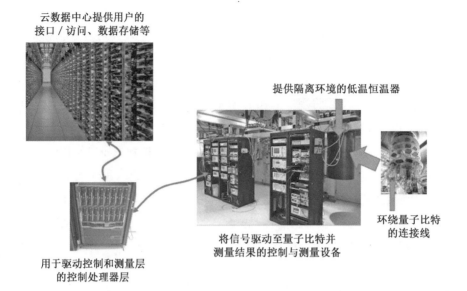

云数据中心提供用户的
接口／访问、数据存储等

提供隔离环境的低温恒温器

环绕量子比特
的连接线

将信号驱动至量子比特并
测量结果的控制与测量设备

用于驱动控制和测量层
的控制处理器层

图 2.3 制造和运行量子计算机所需的基本组件，以目前超导量子比特系统的部件为例。量子比特芯片位于一个大的系统中，将其冷却至 20 mK（图中显示的是谷歌的设备），且能够支持所需的控制线。接着将这个系统放入低温恒温器中，冷却量子比特芯片。将控制线连接到一套量子比特的测试与测量设备（图中设备来自威尔·奥利弗实验室）。该测试设备由控制处理器层驱动，大型量子计算机的控制处理器层可能由多个处理器组成。将控制处理器连接到一台更大的计算机服务器（图中显示的是谷歌数据中心的一部分），该服务器为用户提供量子计算机的访问及所需的软件支持服务

特的能量环境来改变量子比特的状态的，这是其哈密顿量的物理表现。

　　量子计算主要有两种方法：第一种方法是将量子系统的状态初始化，然后直接控制哈密顿量来进行量子态的演化，这种方法大概率可以求解出问题的解。系统的哈密顿量通常是平滑变化的，因此从本质上来说，量子运算是模拟的，无法完全将其误码纠正，因此也称为"模拟量子计算"。这种方法包括绝热量子计算（AQC）、量子退火（QA）以及直接量子模拟。第二种方法叫"基于门的量子计算"，与目前的经典计算方法类似。将问题分解为若干个非常基本的"基本运算"或者门运算，这些运算都有明确的"数字"测量结果。这种数字特性意味着，理论上这种设计可以通过系统级纠错来实现容错。然而，如前文所述，量子计算的基本运算集与经典计算的基本运算集大不相同。

2.4.1　量子模拟、量子退火以及绝热量子计算

　　模拟量子计算指的是，当量子比特系统处于初始量子态时，通过改变哈密

顿量,将问题进行编码,最终的哈密顿量状态则对应于问题的解。如果系统保持哈密顿量的基态,则这种方法称为绝热量子计算(AQC)。当放宽这一要求时,例如,允许量子计算机与热环境相互作用,或者允许其快速演化,那么将其称为"量子退火"。对于足够复杂的哈密顿量来说,绝热量子计算的计算性能在形式上与基于门的量子计算模型等价。现有量子退火设备的哈密顿量的选择是有限的,且这些设备在形式上并不与通用量子计算机等价。直接量子模拟是将量子比特之间的哈密顿量设为量子系统的模型,因此它的演化可以模拟该系统。

如前文所述,在这些模拟量子计算方法中,不仅量子比特的值是模拟的,而且量子运算也是通过平滑地改变哈密顿量来完成的。这种非离散的量子算子不适用传统的系统级纠错方法。虽然绝热量子计算有一个专门的量子纠错模型[2],但在实践中难以实现,因为消除所有误码需要无限的资源。因此,人们尝试通过抑制量子的误码和噪声来使系统中噪声的影响最小化[3]。

在数字量子计算机和模拟量子计算机中,退相干扮演的角色完全不同。数字量子计算机要尽量避免退相干。而在模拟量子计算机中,尤其是量子退火的情况下,退相干的作用则更巧妙。一方面,需要通过能量弛豫(耗散),系统才能获得基态,这样该方法才能得到正确的输出。而对于更大规模的问题,由于哈密顿量变化过快,或者由于环境的热激发,量子退火机会在退火过程中离开基态。在这些情况下,弛豫到环境中显然是有利的,因为能使量子退火机回到基态。然而,如果弛豫太多,系统将不再具备量子力学特性,因此不再是量子计算机。此外,"相干共隧穿"也离不开相位相干性。相干共隧穿是一种量子过程,通过量子比特的协同控制,可以更有效地弛豫到基态。在实践中,为了使量子退火机有效,需要付出一定代价。第 3 章和第 5 章中将详细讨论模拟量子计算。

2.4.2　基于门的量子计算

在基于门的量子计算方法中,每次基本(门)运算都是通过精确地改变一个或多个量子比特的哈密顿量来实现所需的变换。改变物理环境可以做到这一点,例如,通过激光脉冲或其他电磁场应用,具体取决于量子比特的生成方式。由于这种基本运算与经典计算的逻辑门类似,因此采用这种方法的系统称为"数字量子计算机"。

有趣的是,量子力学规则限制了量子门的运算。首先,运算需要是"无损的"。也就是说,不能有任何能量弛豫,因为能量弛豫意味着系统与环境相连接,热量将会流出,造成退相干。由于信息的丢失会消耗能量[4],因此,量子门必须是可逆的。换句话说,可以通过门的输入计算门的输出,也可以通过门的输出计算门的输入(门的计算可以正向执行,也可以反向执行)。为了实现可逆,函数输出的数量必须要和函数输入的数量一样。

其次,虽然运算会改变不同状态的系数或"振幅分布",但它们的绝对值的平方和(概率之和)始终为 1。一种形象化描述量子门运算的数学方法是,将 n 个量子比特的状态表示为高维空间(复杂的 2^n 维空间)中的向量,其中每个维度的向量值由复系数 a_i 给定。由于概率守恒,因此向量的长度保持不变,即等于 1,因此系统的状态可能处于单位超球面(球面向更高维的扩展)的任意位置。所有的量子门都是将状态向量在超球面上进行简单旋转。随着量子比特数量的增加,空间的维数呈指数增长,但状态向量保持长度不变,运算仍是超球面的不同旋转(都是可逆的)。保持向量长度的运算称为"幺正运算"。框注 2.3 显示的是由单量子比特生成的球体。

 框注 2.3 ....

单量子态的形象化描述

单量子比特的状态用 $|\psi\rangle = a_0 |0\rangle + a_1 |1\rangle$ 表示。概率条件 $|a_0|^2 + |a_1|^2 = 1$ 限制了 a_0 和 a_1 的值。将 a_0 的值设为 $\cos \dfrac{\theta}{2}$,a_1 的值设为 $\sin \dfrac{\theta}{2}$,

我们就能容易理解,因为 $\left(\sin \dfrac{\theta}{2}\right)^2 + \left(\cos \dfrac{\theta}{2}\right)^2 = 1$。此时,复数的相位分量

$a_0 = e^{i\alpha} \cos \dfrac{\theta}{2}$,$a_1 = e^{i(\alpha + \varphi)} \sin \dfrac{\theta}{2}$。所以,可以使用 3 个独立的实数来表示量子

比特的状态 α,θ,φ:$|\psi\rangle = e^{i\alpha} \left(\cos \dfrac{\theta}{2} |0\rangle + e^{i\varphi} \sin \dfrac{\theta}{2} |1\rangle \right)$。因此,全局相位

α 没有任何物理意义,单量子比特的状态完全可以用 2 个实数来描述:$0 \leq \theta < \pi$,$0 \leq \varphi < 2\pi$。可以将任意单量子比特的状态描述映射到单位球面上(称作"布洛赫球面"),球面的最北端和最南端分别对应于状态 $|0\rangle$ 和状态 $|1\rangle$。如图 2.4 所示,对于布洛赫球面上的量子态,θ 给出的是纬度,φ 给出的是经度。

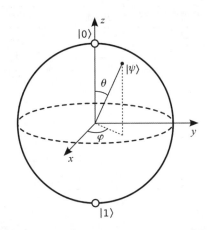

图 2.4　布洛赫球面示意图，表示的是单量子比特的所有状态的集合。θ 和 φ 是量子比特的角度。单量子比特门可以将量子比特的状态旋转至球面上的另一个点

资料来源：斯密特·迈斯特（Smite Meister），https://commons.wikimedia.org/w/index.php? curid=5829358

与经典逻辑门一样，我们很难生成具有大量输入的量子门。但是可以使用一组更简单的门来进行构造或"合成"，其中每个门都只需要较少的输入。在实践中，通常会将量子门设计为对一个、两个或三个量子比特输入的运算。同时，与经典逻辑门一样，可以通过少量的基本量子门来生成所有的量子门函数。如图 2.5 所示的是一组常见的基本量子门及其表示方法。其中，对叠加态而言，特别重要的是哈达玛（Hadamard）门。该门能将量子比特从状态 $|0\rangle$ 演化为状态 $|0\rangle$ 和状态 $|1\rangle$ 的均等叠加态，两者具有相同的相对相位 $\left(\frac{1}{\sqrt{2}}|0\rangle + \frac{1}{\sqrt{2}}|1\rangle\right)$。该门也能将量子比特从状态 $|1\rangle$ 演化为状态 $|0\rangle$ 和状态 $|1\rangle$ 的均等叠加态，反相为 $\left(\frac{1}{\sqrt{2}}|0\rangle - \frac{1}{\sqrt{2}}|1\rangle\right)$。双量子比特 CNOT 门执行的是异或逻辑运算，但需要将其中一个输入传递给输出，这样计算才是可逆的。

由于量子门将一组输入量子比特的初始 a_i 映射到一组新的 a_i 中，所以这些门通常写成数学上的矩阵形式。在该形式中，每种输入状态的 a_i 形成向量，且矩阵向量乘法的结果表示的是输出状态 a_i 的向量。n 个输入的逻辑运算（或"门"）的数学描述为：具有 n 个量子比特输入（编码 2^n 种状态的初始 a_i）的 $2^n \times 2^n$ 幺正矩阵，得到 n 个量子比特的输出（编码 2^n 种状态的新的 a_i）。

我们知道，T 门（旋转 $\pi/4$，即 $90°$）、Hadamard 门和 CNOT 门可以形成一组

门的类型	量子比特数	电路符号	幺正矩阵	描述
哈达玛门（Hadamard）	1	—H—	$\frac{1}{\sqrt{2}}\begin{bmatrix} 1 & 1 \\ 1 & -1 \end{bmatrix}$	将一种基态转变为两种基态的均等叠加态
T	1	—T—	$\begin{bmatrix} 1 & 0 \\ 0 & e^{i\pi/4} \end{bmatrix}$	在基态之间加上 $\pi/4$ 的相对相移。也可称为 $\pi/8$ 门，因为对角线元素可以写成 $e^{-i\pi/8}$ 和 $e^{i\pi/8}$
CNOT	2		$\begin{bmatrix} 1 & 0 & 0 & 0 \\ 0 & 1 & 0 & 0 \\ 0 & 0 & 0 & 1 \\ 0 & 0 & 1 & 0 \end{bmatrix}$	控制-非门。类似于可逆的经典异或门。将连接到实心点的输入传递，使运算可逆
Toffoli（CCNOT）	3		$\begin{bmatrix} 1 & 0 & 0 & 0 & 0 & 0 & 0 & 0 \\ 0 & 1 & 0 & 0 & 0 & 0 & 0 & 0 \\ 0 & 0 & 1 & 0 & 0 & 0 & 0 & 0 \\ 0 & 0 & 0 & 1 & 0 & 0 & 0 & 0 \\ 0 & 0 & 0 & 0 & 1 & 0 & 0 & 0 \\ 0 & 0 & 0 & 0 & 0 & 1 & 0 & 0 \\ 0 & 0 & 0 & 0 & 0 & 0 & 0 & 1 \\ 0 & 0 & 0 & 0 & 0 & 0 & 1 & 0 \end{bmatrix}$	控制-控制-非门。3 量子比特门。当前 2 个量子比特为 1 时，变换第 3 个量子比特，从而改变状态。例如：$\|110\rangle$ 变换为 $\|111\rangle$，反之亦然
泡利-Z 门（Pauli-Z）	1	—Z—	$\begin{bmatrix} 1 & 0 \\ 0 & -1 \end{bmatrix}$	在基态之间加上 π 的相对相移。将 $\|0\rangle$ 映射为自身，将 $\|1\rangle$ 映射为 $\|-1\rangle$。也称相位翻转
Z-旋转门（Z-Rotation）	1	$R_z(\theta)$	$\begin{bmatrix} e^{-i\theta/2} & 0 \\ 0 & e^{i\theta/2} \end{bmatrix}$	加上相对相移 θ，或将状态向量绕 z 轴旋转 θ
非门（NOT）	1		$\begin{bmatrix} 0 & 1 \\ 1 & 0 \end{bmatrix}$	类似于经典非门，将 $\|0\rangle$ 和 $\|1\rangle$ 相互转换

图 2.5 常用的 1、2、3 量子比特门以及相应的幺正矩阵、电路符号和结果描述。我们知道，T 门、Hadamard 门和 CNOT 门形成一组通用的量子门集

资料来源：M.Roetteler 和 K.M.Svore，2018，量子计算：密码破解与超越，IEEE 安全与隐私 16(5)：22-36。

通用的量子门集[5]。也就是说，仅仅使用这些门就能够制造量子计算机，将任意幺正函数近似至任意精度[6]。

与量子算法实现基础的幺正运算不同，测量运算将量子态与测量设备连接，从而生成二进制输出，且是不可逆的。为了从量子计算机中获取信息，测量是必不可少的。然而，测量会使系统波函数坍缩，只能从 n 比特量子寄存器中返回 n 比特信息，即返回的是一个经典结果。2^n 种状态的 a_i 中的信息表明，寄存器会一直编码，直至测量结束。双量子比特系统的测量结果如表 2.3 所示，框注 2.4 中对其进行了讨论[7]。

表 2.3 给定初始态的双量子比特系统，部分状态的测量结果和概率

系统测量前的状态（波函数）	测量结果	结果概率	系统测量后的状态
$\lvert \psi \rangle = \lvert 00 \rangle$	00	100%	$\lvert \psi \rangle = \lvert 00 \rangle$
$\lvert \psi \rangle = \lvert 01 \rangle$	01	100%	$\lvert \psi \rangle = \lvert 01 \rangle$
$\lvert \psi \rangle = \dfrac{1}{\sqrt{2}} \lvert 00 \rangle + \dfrac{1}{\sqrt{2}} \lvert 11 \rangle$	00	50%	$\lvert \psi \rangle = \lvert 00 \rangle$
	11	50%	$\lvert \psi \rangle = \lvert 11 \rangle$
$\lvert \psi \rangle = \dfrac{1}{2} \lvert 00 \rangle + \dfrac{1}{2} \lvert 10 \rangle + \dfrac{1}{2} \lvert 01 \rangle + \dfrac{1}{2} \lvert 11 \rangle$	00	25%	$\lvert \psi \rangle = \lvert 00 \rangle$
	10	25%	$\lvert \psi \rangle = \lvert 10 \rangle$
	01	25%	$\lvert \psi \rangle = \lvert 01 \rangle$
	11	25%	$\lvert \psi \rangle = \lvert 11 \rangle$
$\lvert \psi \rangle = \dfrac{1}{2} \lvert 01 \rangle + \dfrac{\sqrt{3}}{2} \lvert 10 \rangle$	01	25%	$\lvert \psi \rangle = \lvert 01 \rangle$
	10	75%	$\lvert \psi \rangle = \lvert 10 \rangle$

框注 2.4

双量子比特系统的测量与纠缠

用线性代数的语言来说，可以将多量子比特系统的波函数构造为所有经典态的线性组合，这些经典态称为基态。双比特系统有四种可能的经典态，因此双量子比特系统的波函数的一般形式为：

$$\lvert \psi_{ij} \rangle = a_{00} \lvert 00 \rangle + a_{01} \lvert 01 \rangle + a_{10} \lvert 10 \rangle + a_{11} \lvert 11 \rangle$$

其中，状态的系数的平方值分别对应各自的测量概率。

考虑状态 $\lvert \psi \rangle = \lvert 00 \rangle$，即仅有 a_{00} 非零。测量第一个量子得到 0 的概率为 100%，第二个量子也是如此。在这种情况下，每个量子比特都可以用自身的波函数来独立描述：$\lvert \psi_i \rangle = \lvert 0 \rangle_i$，$\lvert \psi_j \rangle = \lvert 0 \rangle_j$。整个系统可以写成单量子比特的乘积：$\lvert \psi \rangle = \lvert \psi_i \rangle \cdot \lvert \psi_j \rangle = \lvert 0 \rangle_i \lvert 0 \rangle_j$，等价于 $\lvert \psi_{ij} \rangle = \lvert 00 \rangle$。

现在考虑叠加态 $\lvert \psi_{ij} \rangle = \dfrac{1}{\sqrt{2}} \lvert 00 \rangle + \dfrac{1}{\sqrt{2}} \lvert 11 \rangle$。测量第一个量子比特会发生什么？如果结果是 1，那么波函数就坍缩为：只有第一个量子比特有值，即 $\lvert \psi_{ij} \rangle = \lvert 11 \rangle$。接着，第二个量子比特在相同状态下的概率为 100%。另一方面，同理，如果第一个量子比特的测量结果为 0，那么可以确定的是，第二个量

子比特的结果也是 0。经过进一步研究发现,不管首先测量的是哪个量子比特,测量第二个量子比特总是会得到与第一个量子比特相同的值。两个粒子密切相关,一个粒子的状态依赖另一个粒子,且测量一个粒子将自然地决定另一个粒子的状态,无论另一个粒子是否被测量。这种情况称为"纠缠",本质上是量子力学。用数学语言来说,如果无法将多量子比特的波函数写成单量子比特的波函数的乘积,就会产生纠缠。这种特殊的状态是"贝尔态"的一个例子。贝尔态是一种特殊的纠缠态。从本质上来说,纠缠态是量子力学的自然现象,也是实现量子计算的关键。

2.5　量子计算机的设计限制

如前文所述,量子计算机的巨大潜能存在四个主要限制。第一个主要限制是,只有当量子比特相互纠缠时,描述量子计算机状态所需的系数数量才会随着量子比特的数量呈指数增长。向系统中增加一个量子比特时,量子态的数量就会增加一倍,如果这个量子比特没有与系统的其他部分相互作用,那么量子态的描述可以进行分解,表示为增加的量子比特的状态与系统其他部分的状态的乘积。与原来的量子系统相比,分解后的该量子态只需要增加两个系数(增加量子比特的状态)。为了进行量子计算,量子比特必须是相互纠缠的,也就是说,任意一个量子比特的状态需要与其他量子比特的状态相关联。为了在两个量子比特之间形成这样的依赖关系,无论是光子、声子,或者其他量子,都需要通过一个中间量子系统来直接或间接地相互作用,从而在某个时刻,与每个需要实现纠缠的量子比特相互作用。

尽管量子计算机内部的量子比特是物理分离的(即不相邻),可能很难实现量子比特间的直接相互作用,如复杂门,但可以将其分解为若干个硬件直接支持的、简单的基本门运算。可以通过一组运算来实现这种间接连接,使用中间量子比特或者其他量子系统来促进相互作用。然而,与经典计算一样,这种间接连接会产生计算机的开销,即第一个重要的设计限制。这种通信成本在经典计算中很好理解,当前计算机的门的数量非常多。在量子计算的实现中,产生这种长距离的相互作用会消耗计算机的一些量子比特,有用量子比特的数量将会少于计算机物理量子比特的数量。需要将这种长距离的相互作用消除,也就是说,通用门集合中的一些双量子比特运算需要执行多次基本门运算。当量子比特和门运算受到限制时,这种开销在技术发展的早期阶段最为显著。

第二个限制是：由于不可克隆原理,无法实现量子系统的复制[8-9]。虽然可以将一组量子比特的状态转换到另一组量子比特,但会造成基本量子比特中的该信息被删除,即任意的量子信息可以转换,但无法复制。在存储器中生成和存储中间状态或部分结果的副本,这是经典计算的重要组成部分,也是我们想象中的编程方式,但量子计算机需要另一种不同的算法设计方法。此外,计算任务通常都需要访问存储数据,而量子算法需要的是一种能够访问存储的经典比特的方法,从而可以明确正在查询和加载到量子内存中的是哪些比特。

第三个主要限制是：量子运算缺乏抗噪性。与经典逻辑门一样,由于基本的门运算无法消除输入信号或门运算中的误码,这些少量的误码将会随着时间推移而累加,扰乱系统的状态。这些误码会影响计算的准确性,当误码足够多时,会造成测量误差,甚至是量子相干性的消失(从而不再具有任何量子优越性)。这种噪声的来源包括：没有与环境完全隔离、物理制备或生成量子比特(或包含、维持量子比特的组件)的差异未进行修正,以及用于执行所需量子比特运算的信号有误码。总的来说,这些缺陷一般会降低量子比特运算的质量。即使使用一些方法来将造成误码的噪声最小化或者消除,这些影响仍然是显著的。

门运算的质量可以通过误码率来衡量,即门运算得到错误结果的概率。也可以通过保真度来衡量,即运算得到正确结果的概率(框注 2.5)。在 2018 年最先进的系统中,超导和囚禁离子量子比特中的单量子比特门的最佳误码率是 10^{-3} 到 10^{-6}[10-13],双量子比特(纠缠)门的最佳误码率是 10^{-2} 到 10^{-3}[14-17]。在目前的量子计算机中,运算质量会随着量子比特数量的增加而降低。量子系统的性能将在第 5 章中进行详细讨论。

 框注 2.5

量子比特的保真度/误码率的定义与量化

量子计算机的成功运行需要量子比特和门的高保真度。本报告将门误码率作为计算机的量子比特保真度的标准。门误码率描述的是门运算在大量的误码下的鲁棒性。从本质上讲,它衡量的是实际的门运算结果与理论上这些运算的平均结果相符的概率。门误码率为 1%,表示在给定类型的门运算中,平均 100 次测量会有 99 次能得到正确结果。

这些误码是由不同的机制所引起的,这些机制给量子比特增加了"噪声"。"噪声"的一个来源是量子比特相干性的消失,由于量子态既包括振幅又包括相位,"噪声"会影响量子态的两个方面。任何系统都无法与环境完全隔离,因此,随着时间的推移,量子比特的能量将趋向于与环境达到平衡。如果环境温度低,激发态将失去能量,成为基态。这意味着激发态的概率(激发态振幅的平方值)随时间而减小。随着时间的推移,物理过程也会增加量子态的随机相移,降低量子态的相位相干性。由于量子运算需要进行相位校正才能正常工作,因此随着时间的推移,相位退相干也会造成量子比特的误码。在简单噪声的情况下,能量弛豫和相位退相干会进行指数衰减,时间常数分别为 T_1 和 T_2。由于能量弛豫也是一个相位破缺过程,因此相干时间 T_2 能同时表示能量弛豫和退相过程。要制造一台实用量子计算机,T_2 需要比实现足够数量的量子门所需的时间长得多。

除了基本的量子比特相干性的误差外,由于模拟控制信号是用于执行量子比特的门运算,每次门运算都可能存在误码,因此执行运算可能会影响系统中的其他量子态(此干扰称为"串扰")。也就是说,经过一组门运算,可能得到的输出不正确,且这些运算会增加后续运算的误码率。得到正确结果(正确执行所有门运算得到的结果)的概率会再次随着门运算的次数呈指数下降。因此,可以从测量的系统误码率中获取每个门的平均误码率。双量子比特输入的量子门比单量子比特的运算更复杂,因为在运算时,两个量子比特的状态一定会相互作用,从而产生更高的误码率。单量子比特门和双量子比特门的误码率通常都有一个更完整的描述。当把误码率作为衡量门的保真度的标准时,它反映的是门运算期间发生的退相干,以及因门运算而引起的其他任何误码。

由于量子计算机用户很关注计算结果的保真度,因此利用随机基准测试(RBM)来获取有效的门误码率十分有价值。一般来说,随机基准测试可以实现门的随机分组,并将该序列的结果状态与预测状态进行比较。最终状态的误码会随着序列长度的增加而增加,每个门的误码增加率是衡量给定门的误码率的标准。交织随机基准测试的目的是通过在随机分组中周期性地添加某个特定门,并将误码的结果与未添加特定门的相同分组进行比较,从而来描述特定门的误码率。随机基准测试及其变体是一种评估特定设备中的平均门误码率的相对有效的方法。任何初始化或测量误码的存在,都不会对这种评估的准确性产生影响,且这种评估是确立第7章中提出的指标1的基础。然而,值得注意的是,随机基准测试能够得到设备的净误码率,然而却无法显示具体的误码来源。

最后一个限制是：计算机完成运算后，无法实际观察到计算机的完整状态。例如，如果量子计算机将一组量子比特初始化为所有量子态的组合叠加态，然后将一个函数应用于该输入态，则得到的量子态将包含每种可能的输入下的函数值信息。然而，直接对该量子系统进行测量并不能得到这些信息。由于所有输入的概率都相同，因此测量将只能返回 2^n 种可能的输出中的一种。一个量子算法是否成功，关键在于控制系统，使得测量时得到问题的解所对应的状态的概率比其他任何可能的输出更高。这是实现量子算法（如量子傅里叶变换和振幅放大）的自然条件，在第 3 章中将进行详细描述。这些运算能将状态系数放大，而状态系数反映了问题的解，因此在读取测量结果时很可能会得到有意义的解。然而，这些运算可能需要大量的时间，从而降低了量子算法的总体速度。

量子现象使量子计算机具备了计算能力，但其特性又极大地限制了量子计算机的应用。

2.6　实用量子计算机的潜力

如前文所述，新型计算机的未来是基于量子的计算（而非经典的相互作用）。量子计算机有可能求解出一些目前最强大的超级计算机和未来所有的经典计算机都难以求解的计算问题。例如，除密码破译的应用之外，人们对与化学、材料科学以及生物学相关的量子系统模拟的应用，特别是新材料开发的潜在应用，也有很强的兴趣。

全世界的实验物理学家都在努力开发基于门的模拟计算机，利用一系列基础的量子比特技术来进行实用的计算。本报告将讨论为这种计算机所设计的实际应用、制造量子计算机所需的硬件和软件平台等方面取得的进展。由于量子计算设备总体处于早期阶段，且由于设备的功能取决于其类型和成熟度，因此，需要定义几种不同类型的量子计算机，以便于参考和比较，如下文所述：

● 模拟量子计算机（量子退火计算机、绝热量子计算机、直接量子模拟器）。这类系统通过量子比特的相干性控制来运行，其方法是改变系统哈密顿量的模拟值，而不是使用量子门。例如，量子退火计算机的计算原理是：在某个初始态下制备一组量子比特，然后缓慢地改变它们的能量，直到哈密顿量描述的是给定问题的参数，因此，量子比特的最终状态将很有可能对应于问题的解。绝热量子计算机（AQC）的工作原理是：将量子比特初始化为起始哈密顿量的基态，然后缓慢地改变哈密顿量，使系统在整个过程中保持在最低能量或基态。绝热量子计算机虽然不是基于门的，但其在理论上具有与基于门的量子计算机相同的处理能力，然而它缺少实用的完全纠错方法。

● 基于门的嘈杂中型量子计算机（NISQ）[18]。通过基于门的运算，这类系统运行在相干的量子比特集上，而不需要能够抑制所有误码的完全量子纠错。将计算设计成能够在有噪声的量子系统上进行，且在足够少的步骤（足够浅的逻辑深度）内完成，从而使门的误码和量子比特的退相干不会对结果造成影响。本报告也将这类系统称为"数字嘈杂中型量子"计算机。

● 基于门的完全纠错量子计算机。这类系统将通过基于量子比特的门运算来运行，实现了量子纠错，能够将执行计算时间内产生的任何系统噪声进行纠正（包括控制信号或设备制造引入的误码，以及量子比特之间或与环境之间的意外耦合）。这类系统极大地降低了误码的概率，计算机在执行任何计算时都十分可靠。这种计算机的设计能够允许将完全纠错量子比特或逻辑量子比特的数量扩展至数千个。

基于门的量子计算机可以有许多种物理实现。然而，任何实现都必须符合著名的迪文森佐标准（DiVincenzo criteria），该标准规定量子计算机的物理实现需要满足以下条件[19]：

（1）具有良好特性的量子二能级系统，可以作为量子比特。

（2）将量子比特初始化的能力。

（3）足够长的退相干时间，从而能够进行计算或纠错。

（4）一组通用的量子比特运算，也称"量子门"。

（5）能够逐个测量量子比特，且不干扰其他量子比特。

量子退火计算机需要满足除第4条以外的所有条件，因为这类计算机不使用门来表示算法。然而，退相干（第3条）在量子退火中的作用与其在门模型中的作用大不相同。量子退火中允许出现一定程度的退相干[20-21]，且成功实现量子退火需要一定的能量弛豫[22-23]。迄今为止，模拟量子计算机和数字嘈杂中型量子计算机的系统制造方面已经取得了进展，但完全纠错量子计算机系统所面临的挑战更大。

要制造一台实用量子计算机，就需要创建一个物理系统来对量子比特进行编码，并能精确控制和操作这些量子比特，从而进行计算。今天，实验物理学家们正在实验室内的精心控制的环境中构建、运行这些系统。量子计算的两种领先技术——囚禁离子和超导量子比特，采用的是两种完全不同的方法来实现、控制量子比特。囚禁离子系统使用原子的两种内部状态作为基本量子要素。每个原子都去除一个外部电子，使它们带正电荷，这样就能通过一种叫作"离子阱"的设备的电场来控制它们的位置。离子和阱都处于超高真空室中，尽量减少其与环境的相互作用，用激光将离子运动冷却至非常低的温度（0.1～1 mK）。虽然离子阱通常在室温下工作，但也可以将离子阱冷却至低温（4～10 K），从而改进真空环境，降低自然电噪声对离子运动的影响。利用精确控制的激光脉冲或微波辐射可以改变每个离子的状态。将这种脉冲设置成将两个或更多的离子态耦合在一起，这样离子之间就能产生纠缠。如图 2.6 所示的是包含离子阱系统和控制单元的实验室设备示例。

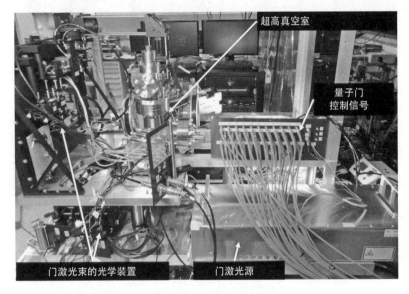

图 2.6　当前室温下运行的离子阱系统的实验室设备。囚禁的离子量子比特放置在超高真空室内。量子比特上的量子逻辑门是使用门激光源的激光束来实现的，激光束由控制信号（蓝色线缆传输的射频信号）调节，并通过系统中的光学设备发送至离子

资料来源：马里兰大学，克里斯托弗・门罗教授（Christopher Monroe）提供。

超导系统则是用另一种完全不同的方法制造的。该方法没有使用自然的量子系统，而是利用超导材料的独特性质来创建一个电路，作为人造原子。由于这种电路像集成电路一样，能够用光刻法来生成，因此可以用类似集成电路的制造工艺来生成这些人造原子。再次使用微波辐射来控制这些"原子"的状态，将相邻的"原子"耦合在一起，形成纠缠态。然而，这些电路的能级仍然非常小，且这些电路总是会与制造它们的材料接触。因此,隔离这些电路需要将它们冷却至约10 mK。如图 2.7 所示的是实验室中的实验超导量子计算机,包括维持量子比特环境的温度和控制量子系统所需的一些设备。

图 2.7　现代超导量子比特系统的实验室设备
资料来源:林肯实验室,威廉·奥利弗博士(William Oliver)提供。

随着量子系统中量子运算的相干时间和保真度的提高,人们对量子计算的兴趣与日俱增。第 3 章和第 4 章描述的是量子计算机的潜在能力。第 5 章和第 6 章更深入地探讨了制造量子计算机所需的硬件和软件技术,以及截至目前所能达到的相干性和保真度水平。

2.7　参考文献

[1] J. Preskill, 2018, "Quantum Computing in the NISQ Era and Beyond," arXiv: 1801.00862.

[2] 参见:K.C. Young, M. Sarovar, and R. Blume-Kohout, 2013, Error suppression and error correction in adiabatic quantum computation: Techniques and challenges, Physical Review X3: 041013;

A. Mizel, 2014, "Fault-Tolerant, Universal Adiabatic Quantum Computation," https://arxiv.org/abs/1403.7694;

S.P. Jordan, E. Farhi, and P. W. Shor, 2006, Error-correcting codes for adiabatic quantum computation, Physical Review A74: 052322; K.L. Pudenz, T. Albash and D.A. Lidar, 2014, Error-corrected quantum annealing with hundreds of qubits, Nature

Communications 5：324；

W. Vinci, T. Albash and D. A. Lidar, Nested quantumannealing correction, 2016, npj Quantum Information 2：16017.

［3］参见：A. D. Bookatz, E. Farhi, and L. Zhou, 2015, Error suppression in Hamiltonian-based quantum computation using energy penalties, Physical Review A 92：022317；

M. Marvian and D. A. Lidar, 2017, Error suppression for Hamiltonian-based quantum computation using subsystem codes, Physical Review Letters 118：030504.

［4］R. Landauer, 1961, Irreversibility and heat generation in the computing process, IBM Journal of Research and Development 5(3)：183-191.

［5］M. Nielsen and I. Chuang, 2016, Quantum Computation and Quantum Information, Cambridge University Press, p. 189.

［6］M. Roetteler and K. M. Svore, 2018, Quantum computing：Codebreaking and beyond, IEEE Security and Privacy 16：(5)：22-36.

［7］同上.

［8］W. K. Wootters and W. H. Zurek, 1982, A single quantum cannot be cloned, Nature 299 (5886)：802-803.

［9］D. Dieks, 1982, Communication by EPR devices, Physics Letters92A(6)：271-272.

［10］T. P. Harty, D. T. C. Allcock, C. J. Ballance, L. Guidoni, H. A. Janacek, N. M. Linke, D. N. Stacey, and D. M. Lucas, 2014, High-fidelity preparation, gates, memory, and readout of a trapped-ion quantum bit, Physical Review Letters 113：220501.

［11］R. Blume-Kohout, J. K. Gamble, E. Nielsen, K. Rudinger, J. Mizrahi, K. Fortier, and P. Maunz, 2017, Demonstration of qubit operations below a rigorous fault tolerance threshold with gate set tomography, Nature Communications 8：4485.

［12］E. Mount, C. Kabytayev, S. Crain, R. Harper, S. -Y. Baek, G. Vrijsen, S. T. Flammia, K. R. Brown, P. Maunz, and J. Kim, 2015, Error compensation of single-qubit gates in a surface-electrode ion trap using composite pulses, Physical Review A92：060301.

［13］S. Gustavsson, O. Zwier, J. Bylander, F. Yan, F. Yoshihara, Y. Nakamura, T. P. Orlando, and W. D. Oliver, 2013, Improving quantum gate fidelities by using a qubit to measure microwave pulse distortions, Physical Review Letters 110：0405012.

［14］J. P. Gaebler, T. R. Tan, Y. Lin, Y. Wan, R. Bowler, A. C. Keith, S. Glancy, K. Coakley, E. Knill, D. Leibfried, and D. J. Wineland, 2016, High-fidelity universal gate set for Be＋ ion qubits, Physical Review Letters 117：060505.

［15］C. J. Ballance, T. P. Harty, N. M. Linke, M. A. Sepiol, and D. M. Lucas, 2016, High-fidelity quantum logic gates using trapped-ion hyperfine qubits, Physical Review Letters

117: 060504.

[16] R. Barends, J. Kelly, A. Megrant, A. Veitia, D. Sank, E. Jeffrey, T.C. White, et al., 2014, Logic gates at the surface code threshold: Supercomputing qubits poised for fault-tolerant quantum computing, Nature 508: 500-503.

[17] S. Sheldon, E. Magesan, J. Chow, and J. M. Gambetta, 2016, Procedures for systematically turning up cross-talk in the cross-resonance gate, Physical Review A93: 060302.

[18] J. Preskill, 2018, "Quantum Computing in the NISQ Era and Beyond," arXiv: 1801.00862.

[19] D.P. DiVincenzo, 2000, The physical implementation of quantum computation, Fortschritte der Physik 48: 771-783.

[20] M.H.S. Amin, D.V. Averin, and J.A. Nesteroff, 2009, Decoherence in adiabatic quantum computation, Physical Review A79(2): 022107.

[21] A.M. Childs, E. Farhi, and J. Preskill, 2001, Robustness of adiabatic quantum computation, Physical Review A65(1): 012322.

[22] M.H.S. Amin, P.J. Love, and C. J. S. Truncik, 2008, Thermally assisted adiabatic quantum computation, Physical Review Letters 100(6): 060503.

[23] N.G. Dickson, M.W. Johnson, M.H. Amin, R. Harris, F. Altomare, A.J. Berkley, P. Bunyk, et al., 2013, Thermally assisted quantum annealing of a 16-qubit problem, Nature Communications 4: 1903.

第 3 章 量子算法及应用

算法领域的一项基本理论是,求解一个问题所需的总步骤数(大致)与计算机的设计无关。特别是,在一级近似条件下,计算步骤不会改变求解问题所需的总时间。这个基本原理称为邱奇-图灵论题。也就是说,为了能更快地求解一个计算问题,人们可以:①减少执行某个步骤的时间,②并行执行多个步骤,或者③通过设计一个巧妙的算法,来减少要完成的总步骤数。

量子计算机不符合邱奇-图灵论题[1-2],因为其在求解某些计算任务时,所用的步骤数比最好的经典算法要少指数级,这一发现动摇了计算机科学的基础,并为快速求解计算问题开辟了一种全新的方法。此后不久,量子计算机的现实潜力得到了证明。彼得·肖尔(Peter Shor)提出了可用于大数分解和计算离散对数的量子算法,这些算法的速度比在经典计算机上开发的所有算法都要快指数级[3-4]。这些量子算法引起了安全界的重点关注,因为这两个问题的难求解性是公钥"加密系统"的关键,这种加密系统保护着社会里绝大多数的数字化数据。

实际上,数个世纪以来,数学家们一直在研究大数分解的算法,而过去数十年来,计算机科学家们也对算法进行了非常深入的研究。这类问题和其他大多数计算问题的重点都在于组合爆炸问题:算法需要在指数级数量的可能解中选出正确解。当分解一个具有几个比特的数 N 时,N 的素数因子包括所有小于 N 的素数,且这样的素数有 $\exp(n)$ 个。实际上,寻找 N 的素数因子的最快经典算法需要 $\exp(O(n^{1/3}))$ 步,而肖尔的量子算法只需 $O(n^3)$ 步,后来改进为 $O(n^2\log[n])$。

算法领域的一般目标是通过一个算法来求解一个计算任务,算法的步骤数(一般称为"运行时间")为输入的数量 n 的多项式倍数,从而绕过组合爆炸问题。存在这种多项式时间的(经典)算法的计算任务称为复杂度 P 问题。量子算法对应的复杂度类——有界误差量子多项式时间(BQP),包括量子计算机能够在多项式时间内求解的所有计算任务。然而,随着输入规模的增加,算法的运行时间呈指数级增长,其代价很快就会变得十分高昂。

量子计算机并不一定能加速求解所有的计算问题,认识到这一点很重要。计算问题中最重要的一类——NP 完全问题[5],人们将其形容为大海捞针。大约在肖尔算法提出的同时,贝内特(Bennett)等人[6]证明,量子算法在求解黑盒模型(即算法不考虑详细的问题结构)中的 NP 完全问题时,需要指数级的时间,因此无法实现此类问题的指数级加速求解。更准确地说,贝内特等人证明,如果 N 表示大海的规模,那么要找到针,任何量子算法都至少需要 $N^{1/2}$ 个步骤。几年后,格罗弗(Grover)证明,有一种量子算法可以在 $O(N^{1/2})$ 个步骤内找到大海里的针[7]。NP 问题的特点是,经典计算机需要在多项式时间内验证解的正确性(无论实际上求得解有多么困难)。NP 完全问题是 NP 问题中最难的类型,包括著名的旅行商问题,以及各个科学领域的数千个问题。人们普遍认为 $P \neq NP$(这是著名的千禧年七大难题之一),即用任何经典算法来求解 NP 完全问题都需要 $\exp(n)$ 个步骤[8]。

  量子算法的设计所遵循的原理与经典算法完全不同。首先,即使将经典算法在量子计算机上运行之前,也需要将其转换为一种特殊的形式——可逆算法。实现量子加速的算法所使用的特定量子算法模式或模块,在经典算法中都没有与之相对应的类似模式。

  自从首批量子算法问世以来,近 25 年间已有大量关于量子算法的文献。所有这些算法都是基于一些量子模块(我们将在下一节中进行描述),且设计的算法都运行在理想量子计算机上。现实中的量子设备是有噪声的,因此量子纠错和容错量子计算的复杂理论得到发展,从而将有噪声的量子计算机转化为理想量子计算机。然而,这种转换会带来量子比特数量和运行时间上的开销。

  目前,量子领域正进入嘈杂中型量子计算机(NISQ)的时代[9]。这是一场制造量子计算机的竞赛,这种量子计算机的规模非常大(数十、数百、甚至数千个量子比特),经典计算机无法进行有效的模拟。但是这种量子计算机不能容错,因此无法直接开发出理想量子计算机的算法。毫无疑问,制造嘈杂中型量子计算机的广阔前景和相关投资已经推动了可扩展、容错量子计算机的发展,但要实现各个里程碑,仍有大量工作要做。

  即将面临的最大挑战在算法层面,近期需要找出哪些计算任务可以用量子计算机实现加速求解。在嘈杂中型量子计算机上运行的算法的开发与物理设备的制造同等重要,因为如果缺乏两者中的任意一项,量子计算机都无法使用。从长远来看,理想的(可扩展、容错)量子计算机的量子算法领域还有许多工作要做。

下一节介绍的是量子算法的主要模块,以及理想量子计算机的已知算法。在执行相同的计算任务时,这些算法的速度比最好的经典算法还要快。第 3.2 节介绍的是量子纠错和容错技术,用于将有噪声的量子计算机转换为理想量子计算机。本章最后讨论的是嘈杂中型量子计算机的主要算法挑战,以及在寻找此类算法方面最有潜力的线索。

发现:量子计算的成功实现离不开量子算法的进展。近期至关重要的是,开发用于嘈杂中型量子计算机的算法。

3.1 基于门的理想量子计算机的量子算法

量子算法的性能最终来自量子系统的指数复杂度,即用 $N = 2^n$ 个复系数来描述 n 个纠缠量子比特组成的系统的状态(进行编码),我们已在前一章进行了讨论。此外,通过在两个量子比特上应用一个基本门来描述状态,会更新 2^n 个复系数,因此似乎需要在一个步骤中执行 2^n 次计算。另一方面,在计算的最后,对 n 个量子比特进行测量时,结果仅能得到 n 个经典比特。这两种现象之间的矛盾关系造成了实用、有益的量子算法的设计面临重大挑战。我们需要找到的任务的特征是:计算方案既利用了这种并行性,又能产生最终的量子态,测量量子态能够大概率返回有价值的信息。一些成功的方法利用了量子干涉现象来得到有用的结果。接下来介绍的是量子算法的一些主要模块、几种基本的量子算法,以及如何用它们来求解各种抽象问题。

3.1.1 量子傅里叶变换与量子傅里叶采样

量子算法的一个最基本的模块是量子傅里叶变换(QFT)算法。傅里叶变换是许多经典计算中的关键步骤,将信号从一种表示形式转换为另一种表示形式。经典傅里叶变换将一个用时间函数表示的信号转换成相应的用频率函数表示的信号。举个例子,这相当于将以气压为时间函数的音乐节拍的数学描述转换成一组音调(或音符)的振幅,从而组合成节奏。通过傅里叶逆变换,可以将这种转换逆向执行,因此不会造成信息丢失,这是在量子计算机上进行任意运算的核心要求。具体来说,输入是复系数 $(a_1, a_2, \cdots, a_N)$ 的 N 维向量,通过将输入向量乘以 $N \times N$ 傅里叶变换矩阵,得到的输出是复系数 $(b_1, b_2, \cdots, b_N)$ 的 N 维向量。

鉴于傅里叶变换的实用性,许多巧妙的算法已经开发出来并应用于经典计算机上。最好的方法是快速傅里叶变换（FFT），需要的时间为 $O(N\log N)$，比读取输入数据时所需的 $[O(N)]$ 稍长一些。虽然经典的快速傅里叶变换非常有效，但量子傅里叶变换（QFT）的速度是它的指数倍，在早期公式中需要的时间为 $O(\log^2 N) = O(n^2)$（其中 $N = 2^n$），后来改进为 $O(n\log n)$ [10]。

在描述量子傅里叶变换之前，重点要理解如何将输入和输出表示为量子态。将输入 $(a_1, a_2, \cdots, a_N)$ 表示为量子态 $\sum_i a_i \mid i\rangle$，输出 $(b_1, b_2, \cdots, b_N)$ 表示为量子态 $\sum_i b_i \mid i\rangle$。因此，输入和输出可以表示为 n 个量子比特的状态，其中 $n = \log N$，如图 3.1 所示。只有当输入数据已经编码为一个量子态，或者可以在 $O(\log N)$ 个步骤内编码为量子态时，才可能实现指数级的加速求解。执行这种转换的量子电路的门的总数是 $O(n\log n)$ 的倍数。另一点需要注意的是，我们无法通过测量来获取振幅 b_i。实际上，如果测量量子傅里叶变换的输出，将会以概率 $\mid b_i \mid^2$ 得到指标 i。因此，对算法的输出进行测量只能得到可能的输出指标，称为量子傅里叶采样（QFS）。量子傅里叶采样是量子算法的一个重要基础，需要应用量子傅里叶变换，并对输出状态进行测量，从而以一定的概率分布得到某个指标 i。

首先，由于读取输入数据需要的时间为 $O(N)$，因此量子算法只能在 $O(\log^2 N)$ 时间内完成，也就是说，如果将输入数据预编码成 $\log N$ 个量子比特，而不是直接从数据文件中读取，那么只能得到与经典模拟算法同样的速度。这时 $\log N$ 个量子比特处于 N 个量子态的叠加态，每个状态上的系数表示需要进行变换的数据序列，如图 3.1 所示。对输入应用量子傅里叶变换算法，改变 $\log N$ 个量子比特的状态，输入系数经过傅里叶变换得到新的系数。当然，由于输出的是量子态，因此无法直接读取这些值。当对输出进行测量时，只能观察到 N 种可能的经典输出状态中的一种。观察到 N 种状态中的任意一种的概率，是该状态系数绝对值的平方，也就是其傅里叶变换值的平方。对一组量子比特进行量子傅里叶变换，然后测量它们的最终状态，其作用与经典傅里叶采样相同。

结果证明，在某些情况下，对傅里叶变换的输出进行采样有助于发现数字序列的结构，如图 3.1 所示。注意，输入数据的系数是周期性的，该序列中有四个周期。这种周期性造成状态 $\mid 100\rangle$ 的振幅远远大于所有其他状态的振幅，因此，对最终的系统状态进行测量，很有可能会返回 100（4 的二进制表示），表示输入序列重复了 4 次，或者重复的距离为 2。这个例子同时表现出量子计算的能力和不足。如果初始输入叠加态已经存在，那么对叠加态系数进行傅里叶变换的速度是

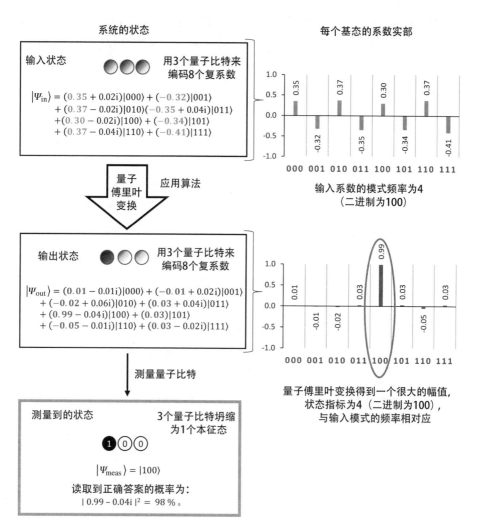

图 3.1　将量子傅里叶变换(QFT)应用于 3 量子比特系统的示例。首先制备好 3 个量子比特,使用 8 个(2^3＝8)复系数进行编码,系统状态对应于要转换的值序列。由于系数的数量 N 为 2^n,其中 n 是量子比特的数量,所以只需要 $\log N$ 个量子比特。3 个量子比特可以表示图中所示的 8 个复系数。量子傅里叶变换可以有效地发现输入序列中的模式并识别出它们的周期频率。在本例中,所有的输入状态的概率相似,系数实部的正负符号变换了 4 次。输出状态的系数(如图中右侧所示)的模式为:如果输入序列中有 i 个周期,则第 i 个状态的系数 a_i 就比较大。(实际上,对于长度为 N 的序列,可能的最大周期数是 $N/2$,在本例中即为 4。5、6 和 7 的值则分别重复 3、2 和 1 的值,所以可以用两者中的任一位置表示。)因此,在本例中,状态 100 对应输入模式频率,其输出值比较大,而其他所有的输出值都很小。因此,对输出进行测量所得到的指标,能反映输入序列的这种强模式

经典傅里叶变换的指数倍。然而,当该运算结束时,只能得到 N 种状态中的一种,而无法得到输出系数的整个集合。此外,我们一般不清楚如何在 $O(N)$ 的时间内生成输入叠加态。如果在较长的算法中,用一个步骤来对预加载的输入量子态进行量子傅里叶变换,这样实现起来就没有多大问题。

量子傅里叶变换巧妙地利用了量子计算的特性,在构建许多量子算法时都十分有用,例如:量子大数分解、查找隐含结构,以及量子相位估计。

3.1.2 量子大数分解与查找隐含结构

肖尔发现的多项式时间算法,可以用于分解和计算离散对数[11],这是量子算法领域的一个重大突破。不仅仅因为算法速度明显比经典算法要快,而且这种速度会对已知应用产生影响。这两种算法的核心,都可以看成是一种巧妙利用量子傅里叶变换的方式,即使傅里叶采样存在输入和输出限制,也能实现求解速度的指数级提升。

为了利用量子傅里叶变换的能力,肖尔首先将寻找一个数的因子的问题转化为寻找重复模式的问题——这正是傅里叶变换能做到的。肖尔证明了,大数分解问题相当于在数字序列中寻找周期问题,即使数字序列的长度是对应要分解的数字的比特数的指数级。因此,虽然这种等价性对经典计算机求解这个问题没有任何帮助(因为如果要分解的数是 n 比特,则经典计算机需要生成长度为 2^n 的序列,这一步需要的时间为指数级),但对于量子计算机来说,这个问题并不难。在量子计算机中,可以将长度为指数级的序列编码成 n 个量子比特,且需要的时间不超过 n 的多项式时间。一旦生成了这个序列,就可以用量子傅里叶变换来寻找周期。虽然得到的结果只是傅里叶变换的输出振幅的一个采样,但这里不会构成限制,因为我们需要的信息很可能正是测量后得到的采样信息。

如果将肖尔算法部署在一台完美的量子计算机上,将可能计算出使用最广泛的公钥加密系统 RSA 的密钥。此外,还可能计算出其他广泛使用的公钥加密系统的密钥,如迪菲-赫尔曼(Diffie-Hellman)密码和椭圆曲线密码。第 4 章将详细讨论量子计算对密码学的影响。

将肖尔的量子算法用于大数分解和离散对数,都可以看作是查找隐含代数结构的例子,与著名数学问题"隐含子群问题"有关[12-13]。目前,这个问题的某些情形,特别是阿贝尔群及密切相关的群(特征是它们的对称性),可以用量子方法得到有效求解。另一方面,对于二面体对称群,这个问题则很难求解。这一难题与最短向量问题密切相关。最短向量问题是容错学习(LWE)加密系统的基础,容错学习加密系统是第 4 章里介绍的后量子(即能够抵抗量子攻击)密码中的一种。

3.1.3 格罗弗算法与量子随机游走

量子傅里叶变换是许多量子算法的基础,但另一类算法利用的是另一种不同的方法,称为“量子随机游走”。该方法与经典随机游走方法类似,用于概率模拟穿越某些地形的过程。

格罗弗算法解决了一个特殊问题,即给定函数的特定输出,需要找到其唯一输入[14]。这在经典领域是一个基本 NP-hard 搜索问题,即没有已知的多项式时间解。在缺乏关于函数性质的信息的情况下,求解该问题的最快已知经典算法是穷举搜索,即尝试所有可能的输入来得到解,而这个过程需要 $O(N)=O(2^n)$ 个步骤,其中 N 表示输入所需的比特数。格罗弗算法能在 $O(\sqrt{N})$ 个步骤内求解这个问题。这种算法的多项式求解速度不仅比最好的经典方法要快,而且它在实践中也很重要。这种速度足以对加密算法构成威胁,我们将在下一章进行讨论。此外,贝内特等人[15]的结果证明,该算法是求解此类问题的最佳量子算法,因为在黑盒模型中,任何量子算法都至少需要 $\sqrt{N}$ 个步骤才能求解此类问题。

经典穷举搜索方法的问题在于,对每个可能的解进行系统的测试是一种盲目的猜测检验。在实际获得答案之前,每次查询都无法得到任何关于解的信息。为了解决这个问题,格罗弗算法对量子比特上的两个运算进行迭代。第一个运算是通过改变系数的符号来对正确解的相应状态进行有效标记。第二个运算名为格罗弗扩散算子,将系数的振幅稍微增加。这两个步骤共同构成了格罗弗迭代,每次进行迭代都能增加测量时读取到正确解的概率。增加包含正确解的状态的振幅,该过程称为振幅放大。这种方法是量子算法的一个示例[16],它在许多量子算法中都十分有用。

用振幅放大方法来进行运算的序列可以看成是一种量子随机游走,然而,格罗弗算法是反向“游走”的,从分布式的状态(类似于从给定起点随机游走到达的所有可能的终点)回到一个正确的状态(类似于游走的起点)。经典随机游走方法能够探索的区域与步数的平方根成正比,而量子随机游走方法能够探索的区域与步数成正比。因此,量子算法的速度是经典算法的二次方。

该技术的用途非常广泛,目前已有许多量子算法,能够实现特定计算任务的多项式加速求解。例如,一种基于量子游走的算法,用于求解在组合类游戏(如国际象棋)中走第一步的玩家是否能够获胜的基本问题。简单经典算法会对可能的移动及其结果进行指数级的搜索,也称"博弈树",而量子算法的速度是上述算法的二次方。更一般来说,在计算任何与或(AND-OR)问题时,量子算法的速度都是经典算法的二次方[17-18]。

虽然人们通常将格罗弗算法称为量子"搜索",但搜索并不是这项技术的有效应用。要执行真正的量子搜索,首先需要将待搜索数据集表示成量子态的叠加。对于要实现加速求解的量子算法,当数据点的数量为 N 时,需要在很短的时间内完成量子态的叠加表示,时间介于 $O(1)$ 和 $O(\log N)$ 之间。当进行经典搜索时,将这些数据简单地存储在随机存取存储器(RAM)中,可在需要时调用。随机存取存储器是经典计算的一个关键要素,然而目前在量子计算中,还没有一个类似的鲁棒且实用的随机存取存储器,能够生成量子计算机所需的量子叠加态。

有人提出量子随机存取存储器(QRAM),可以在 $O(\log N)$ 的时间内生成该数据[19],但这一点尚未得到实际验证。为了实现该目标,可以在经典数据存储单元的基础上增加量子逻辑。与之类似的一种经典结构称为内容可寻址存储器(CAM),它可以在 $O(\log N)$ 的时间内求解该搜索问题。然而,无论是使用内容可寻址存储器,还是使用量子随机存取存储器,首先都要把数据输入设备,这一步需要 $O(N)$ 的时间。因此只有在对同一数据集执行多次查询时,这两种方法才有用。也就是说,内容可寻址存储器和量子随机存取存储器的有用性(如果能制造出来的话),与进行重复输入的次数成正比。

3.1.4 哈密顿量模拟算法

对量子系统的动力学进行模拟,是量子计算机最自然和最明显的应用,也是理查德·费曼开创性地进行量子计算探索的动力所在[20]。当模拟多自由度的量子系统时,量子算法的性能是经典算法的指数级,其应用包括化学、材料科学、凝聚态物质、核物理以及高能物理中的问题。

一般情况下,模拟量子系统的目标是在已知其组成部分和所处的环境时,确定其结构或表现。例如,可以通过模拟来说明一种物质的结构,或者一段时间内相互作用的粒子集合的表现。这些问题可以有各种各样的应用,包括发展新工业材料以及求解重要的物理问题。一般来说,这种模拟需要用哈密顿量(能量算子)来描述系统的所有要素及其相互作用。通过这种方法,我们可以求解出该系统的基态波函数(与时间无关)。或者在给定系统 t_0 时刻的一些初始态时,计算在未来 t 时刻的量子态的近似值。数十年来,科学家们一直在对量子系统进行经典模拟,有些模拟仅限于小型系统上,还有些采用了近似方法,降低精度以换取计算效率。精确的模拟需要大量的计算(鉴于量子系统的天然高维性),因此,除了小型系统之外,在其他的系统都无法实现。

　　量子模拟与生俱来地比经典模拟更适合对量子系统所跨越的状态空间进行探索。理论上,至少可以通过三种通用方法进行量子模拟,每种方法都可以为某些场景提供更有效的解决方案。第一种方法是在基于门的量子计算机上实现时间演化算法,通常称为"哈密顿量模拟"。第二种方法是使用量子计算机来获得近似量子态的变分方法,本章的后一部分将进行讨论。第三种方法是在量子模拟领域,通过专用量子系统(还不成熟的量子计算机)来模拟特定的哈密顿量。在解决同样的问题时,这种硬件可能比基于门的计算机要简单得多,但模拟仿真方法的缺点是,硬件会限制生成的哈密顿量,因此得到的系统是专用的,需要同时设计应用和模拟器。此外,数字量子计算可以使用容错协议来进行保护,与此不同的是,在现实、嘈杂的环境中进行模拟量子模拟的能力还鲜为人知。

　　在时间演化哈密顿量模拟算法中,需要将哈密顿量的形式、哈密顿量本身对时间的依赖性以及系统的初始态作为输入。该算法首先将量子比特初始化为初始系统状态或近似初始系统状态。然后,根据哈密顿量,系统随时间进行推进或"传播",间隔时间为 Δt,到达目标时间所需的迭代次数为 t_f。在实践中,哈密顿量通常表示为较小的局部哈密顿量之和,每个局部哈密顿量只作用于更大系统中的一部分,这种分解十分有用(更一般来说,只要哈密顿量是稀疏的,且可以有效地定位和计算任意给定行中的非零项,就可以有效地模拟哈密顿量)。为了有效地执行这一过程,需要精细地为系统选择方法,用量子比特来编码初始态,通过门序列来表示时间传播。第一个基于门的哈密顿量模拟的具体量子算法于 20 世纪 90 年代中期开发出来[21],随后出现了用于不同类型量子系统的其他方法,以及能够显著缩短运行时间的算法[22-28]。

　　在量子计算机上进行有效的哈密顿量模拟能够为量子化学和材料模拟中的问题提供重要推力[29-30]。特别是电子关联问题,该问题是最具挑战性的问题之一,通过经典方法很难求解[31]。为了对复杂的反应机制进行理解和预测,例如过渡金属催化的化学转化,需要非常精确的电子结构方法。即使分子中的强关联电子不到一百个,也超出了经典的从头计算方法的化学精度范围。量子计算机能够给电子结构问题的模拟带来指数级的加速求解，经过证明，这种加速求解能够有效地解释化学反应机制[32]。通过量子计算机，研究人员能够对化学中间体和过渡态的能量进行计算和确认，从而帮助确定化学过程中准确的活化能，这些对于理解化学反应的运动来说非常重要[33]。目前通过经典方法无法求解的化学反应强相关包括：光化学过程、固氮、C-H 键断裂、二氧化碳的固定和转化、氢和氧的制作以及其他过渡金属催化问题。这些应用还可以延伸到重要的工业应用，包括肥料生产、聚合催化和清洁能源工艺[34]。量子算法也可以使用哈密顿量模拟，来求解复杂的相关材料问题[35]，例如寻找高温超导体。在量子系统的时间演化方面，与经典方法相比，量子计算机能够实现指数级的加速求解。因此，量子计算机的最大影响可能是在量子化学问题上的应用，例如药剂学和材料科学[36]。

　　然而，如果要在量子计算机上有效地求解问题，那么需要许多的哈密顿量的新方法。例如，在模拟量子化学应用中的电子结构时[37]，一个 n 轨系统的哈密顿量包含 $O(n^4)$ 个项，因此，计算时需要一台低误码的量子计算机。求解这类问题的经典方法是利用系统的物理结构来开发定制技术[38]。近期，研究人员将这些技术与量子哈密顿量模拟的现有框架相结合，使得求解此类问题的量子算法取得了快速进展[39-47]。

　　实验证明，一些问题与量子力学没有直接联系，开发这类问题的量子算法时，哈密顿量模拟也是一个强大的工具。近期开发的新量子算法就是一个显著的例子，它能直接在量子态上执行线性代数。下面我们来对其进行讨论。

3.1.5　线性代数的量子算法

　　线性代数是数学的一个基础分支，在许多领域都非常有用，包括量子力学、计算机图形设计以及机器学习方法等。一般来说，线性代数的任务是求一组线性方程（即一个或多个方程，方程中的每个自变量乘以系数，它们之和等于一个常数值）的解。从数学上讲，这种问题可以写成矩阵的形式 $\boldsymbol{Ax} = \boldsymbol{b}$，其中 $\boldsymbol{A}$ 是 $N \times N$ 矩阵，矩阵元素是方程的变量系数，$\boldsymbol{x}$ 是列向量，向量元素是要求解的各个变量，$\boldsymbol{b}$ 是常数的列向量。

　　这类应用的量子算法叫 HHL，是以开发者 Harrow、Hassidim 和 Lloyd 的名字命名。该算法利用的是哈密顿量模拟的方法[48]。算法假设输入向量 $\boldsymbol{b}$ 是 $\log N$ 个量子比特的量子态 $|b\rangle = \sum_i b_i |i\rangle$。算法还假设矩阵 $\boldsymbol{A}$ 是稀疏的，可以通过一个易于计算的函数来得到。此外，算法计算出的输出向量 $\boldsymbol{x}$ 的形式是

$\log N$ 个量子比特的量子态 $|x\rangle = \sum_i x_i |i\rangle$。 HHL 算法的核心是一个基本的量子算法模块——基塔耶夫（Kitaev）量子相位估计算法。该算法是估计么正算子的特征向量特征值（或相位）的过程，实现了指数级加速。算法与线性代数有关，因为如果矩阵 A 的特征值已知，那么很容易求出逆矩阵。HHL 算法的运行时间是 $\log N$ 和 A 的条件数的多项式倍数。当然，只能通过量子态 $|x\rangle$ 所能够获得的信息来求解 x。 给定 A 和 b，该算法会输出一个量子态，其中 N 个系数的值与解 x 中的 N 个元素成正比。虽然量子计算机求出了解，但由于量子力学的规则，无法将其直接读取。然而，如果只想要得到解的部分期望值，那么可以通过一组开销为 $\mathrm{poly}(\log N)$ 的门来获得结果[49]。

线性代数问题可以通过经典计算机来求解，其需要的内存和运行时间是 $\mathrm{poly}(N)$ 的倍数，而量子计算机可以通过更少的资源和时间来求解带有更多约束的此类问题。近期的相关工作表明，当输入矩阵 A 非常稀疏时（即大多数系数为零），求解线性微分方程[50]以及进行凸优化[51]将会得到类似的结果，因为算法的运行时间是每行非零元素数量的多项式时间。

与前面的算法一样，这种指数级的加速求解也带来了许多重要问题。如前文所述，读取得到的输出只是一个概率与 $|x_i|^2$ 成正比的指标 i。 因此，使用此算法的一个主要问题是，如何在有限的有用信息里进行算法设置。这种设置的一个例子是推荐系统，由一组用户（通过矩阵指定）对若干产品进行评分，用于向个体用户提供个性化推荐。推荐是通过指标来实现的。在求解该问题时，量子算法的速度是现有经典算法的指数级[52]。近期，通过这种量子算法，启发了一种新的经典算法，其速度只比量子算法慢多项式时间[53]。

另一个问题是，只有当输入 b 和矩阵 A 都编码为 $\log N$ 个量子比特，或者可以在 $\mathrm{poly}(N)$ 的时间内将它们编码成量子比特时，才能实现这种指数级加速求解。这里不包括数据读取时间，因为光是读取数据来生成该状态就至少需要 $O(N)$ 的时间。只有当算法开始之前，就已经将数据制备为一个量子态，或者能够找到某种方法有效地进行量子态的制备，才能实现这种指数级加速求解。

如前文所述，为实现指数级加速求解，当前量子计算机有效读取大量数据的能力是进行量子算法开发时所遇到的常见挑战。许多算法要想在实践中有用，都需要有效地解决这个问题。当然，即使目前这个问题尚未得到解决，量子算法仍然可以实现多项式加速求解，因为量子计算机能够在 $O(N)$ 个步骤内读取数据，而经典算法则需要 $O(N^2)$ 或者更多个步骤来处理输入信息。

3.1.6　计算机需要达到的标准

本节所描述的算法反映了适合在量子计算机上执行的任务类型，从而能够带来巨大的计算优势。一些有趣的问题大多都需要数千个量子比特，超出了目前的量子计算机若干个数量级。这些算法需要进行大量的量子门运算，10^{12} 到 10^{18} 次。为了保证最终的结果正确，门误码率需要非常小（10^{-12} 到 10^{-18}）。如第 2 章所述，通过直接抑制噪声，使输出结果所包含的噪声比输入更少，今天经典计算机的门可以实现低误码率，而量子门的误码率则要高得多。如第 5 章所述，当前量子计算机的误码率在 10^{-2} 到 10^{-3} 的范围内，无法达到在本机运行这些量子算法所需的误码率。量子纠错是一种克服该限制的方法，下面将对其进行描述。

3.2　量子纠错与误码抑制

为了降低量子系统中的误码率，人们提出了两种通用的方法：纠错和抑制。在这两种方法中，量子纠错（QEC）是唯一能显著降低有效误码率的方法。该方法使用许多冗余量子比特来对量子态进行编码，并通过利用信息冗余的量子纠错码（QECC）来模拟非常低误码率的稳定量子比特，通常称为"容错"或"逻辑"量子比特。周期性地对这些量子比特的状态进行测量，用经典计算设备来"解码"这些信息，从而确定哪些量子比特存在误码。通过这些信息来实现纠错。每个逻辑量子比特都需要大量的物理量子比特和量子门运算（以及经典计算）来实现、维持其状态。需要将更鲁棒的逻辑量子比特上的门运算（仅作为抽象存在）转换为底层的物理量子比特的运算。因此，在进行量子纠错时，需要为每个逻辑量子比特增加额外的量子比特，并为每次逻辑运算增加额外的量子门，从而产生代价或"资源开销"。

量子纠错是量子算法研究的活跃领域，其目标是大幅降低量子比特和时间的开销，实现完全的无误码运算。已有的大部分研究都集中在对表面码和拓扑码的研究，它们是量子纠错的一部分。当前误码率为 0.1% 的门在编码生成逻辑量子比特时，仍然有很高的开销（15 000 次）。除非在门误码率或量子纠错码的开销方面取得突破，否则近期内都将无法实现逻辑量子比特，因此，量子计算机需要解决噪声和误码问题（嘈杂中型量子计算机）。从近期来看，研究人员开始寄希望于量子误码抑制（QEM）的方法，也可能通过量子纠错来降低误码率，而非完全消除误码。

3.2.1　量子误码抑制的方法

与量子纠错相比,量子误码抑制的目标更合理,即降低量子计算的有效误码率,从而支持简单的计算,或采用与门无关的量子方法,将有误码的量子比特的相干性时间延长[54-55],从而足够完成较短的算法。由于较低的误码率降低了使用量子纠错的开销,因此许多量子误码抑制的方法也会与量子纠错一起使用。

目前广泛使用的两种有效的误码抑制方法包括复合脉冲的应用和动态解耦方法。虽然这类技术无法抑制所有类型的误码,但是它们可以用于抑制已知的系统误码(复合脉冲)和退相干误码(动态解耦序列)。

对于模拟和数字量子计算机,研究人员正在开发基于"能量惩罚"的误码抑制技术,从而能够抑制特定类型的误码。这类方法的原理是对量子比特进行策略性编码,使得误码在能量上出现区分,从而实现误码抑制。此外,这两种类型的量子计算机都可以利用"无退相干子空间",即通过多量子比特的结构设计来使量子比特系统对某些噪声信道不敏感。由于这些技术仅能抑制某些类型的误码,因此误码率的改进取决于使用的系统,可能效果一般。

对于模拟量子计算机来说,量子误码抑制尤其重要,因为目前还无法在这种系统上实现完全的量子纠错。量子纠错起的是纠错作用,即发现误码,然后纠正误码。而量子误码抑制起的是预防作用,目标是降低噪声的不利影响及误码发生的概率。

3.2.2　量子纠错码

第一种量子纠错码于 20 世纪 90 年代中期被开发出来[56-57]。后续的工作中加入了对误码阈值的现实考虑,即实际设备中每个物理门所允许的最大误码率,如果超过这个阈值,那么量子纠错自身所引入的误码将比它纠正的误码更多[58-59]。然而,要想成功实现量子纠错并进行容错计算,那么既需要量子比特的数量,也需要量子比特的保真度,事实证明这一目标具有很大的挑战性。

在经典计算中,一种最简单的纠错码叫作"重复码",它将每一比特信息复制成若干比特,通过冗余来保护信息。所有的门运算同样进行复制,以保证冗余。这些比特都具有相同的值,如果发生错误,将会导致其中一个比特变成错误的值。由于出现任意误码的可能性很小,因此可以认为正确的值是大多数冗余比特显示的值。纠错码的"距离"是指将数据的一个有效表示转换为另一个有效表示所需的最少误码数量。3重复码(每一比特是000或111)是距离为3的码,因为要将一个有效表示111改为另一个有效表示000,需要改变所有的3个比特。一般来说,距离为D的码可以纠正$\frac{(D-1)}{2}$个误码,因此,3重复码可以纠正1个误码。这一点很合理,因为如果只发生了1个误码,则大多数比特仍然是正确的值。

量子纠错的方法与经典方法类似。然而,由于不可克隆定理[60],实现精确的量子纠错所需的技术与经典的重复码完全不同。而且由于量子门中可能出现其他类型的误码,因此,量子信息无法直接复制。尽管如此,研究人员已开发出了量子纠错协议,能够将逻辑量子比特编码到物理量子比特的分布式结构中。由于这些量子比特都具有量子态,所以无法直接进行测量,任何测量都会造成量子态的坍缩,从而破坏整个计算。然而,可以将两个具有相同值的量子比特进行比较,读取这两个量子比特是否一致。这种测量并没有显示出量子比特的值,因此不会造成量子态的坍缩。测量的量子比特也称为"伴随"或"辅助"量子比特(见框注3.1)。根据这些比较测量的所有结果以及量子纠错码的原理,经典计算机可以计算出哪些量子比特存在误码,以及该量子比特的误码类型。因此,在量子运算中进行应用,可以消除量子态中的误码。虽然可以直接将运算应用于物理量子比特,但通过软件来"虚拟地"进行这些纠错,利用后续运算的修改来纠正误码,一般会比增加一个独立步骤来纠正误码更加有效。经典算法,也称"解码算法"或"解码器",将辅助量子比特的测量结果作为其输入,计算出哪些量子比特有误码。随着距离的增加,处理更高误码率的复杂度也会增加。如果误码率接近误码阈值,那么不仅开销很大,而且解码算法也更复杂。如果误码率比较低,或运行算法所需的逻辑量子比特比较少,那么可以使用一张很小的查询表来作为解码器。

 框注3.1

在量子纠错中使用辅助量子比特

为实现纠错,需要将一个量子比特的状态复制到多个量子比特上。根据不可克隆定理,我们无法将一个量子比特的状态直接复制到另一个量子比特,但可以生成一种多量子比特的冗余纠缠量子态。重点是在实现纠缠前,量子比特需要有一个已知状态。具有已知状态的量子比特(为了讨论方便,记为状态$|0\rangle$),称为"辅助量子比特",可以将其添加到计算中。由于辅助量子比特的状态是已知的,因此可以创建一个简单的电路,使所有这些辅助量子比特的

输出状态与受保护的量子比特相匹配。通过 CNOT 门来运行辅助量子比特，由需要复制的量子比特来进行控制。假设一个需要保护量子态 ψ，其中 $|\psi\rangle$ 表示任意叠加态 $|\psi\rangle = a_0 |0\rangle + a_1 |1\rangle$。在 CNOT 门中，$|\psi\rangle$ 的 $|0\rangle$ 分量使辅助的 $|0\rangle$ 状态保持不变，但 $|\psi\rangle$ 的 $|1\rangle$ 分量使 $|0\rangle$ 转换为 $|1\rangle$。这种运算会生成新的纠缠双量子态 $a_0 |00\rangle + a_1 |11\rangle$，因此系统的辅助量子比特与第一个量子比特完全纠缠。添加更多的辅助量子比特会增加重复码的距离。

解码器的计算复杂性将会是一个问题，因为运行量子纠错会使量子计算机的量子比特与进行解码、选择后续要执行量子门运算的经典控制处理器紧密连接。高层需要进行以下运算：第一，控制处理器会向量子比特发送量子运算，执行这些运算需要一些时间。第二，测量量子比特，并将其发回控制处理器。第三，控制处理器通过这些测量来将误码进行解码。第四，更新后续运算以消除这些误码。如果经典计算机能够在不影响下一次量子运算的情况下将误码状态解码，那么量子计算机将很容易实现。对于超导量子计算机来说，这意味着经典计算机将只有数百纳秒(相当于目前的处理器执行一千条指令的时间)来将误码信息解码。如果这一点无法实现，那么通过定制硬件来给计算提速，或者改变量子纠错算法，从而在解码误码信息之前进行量子运算，都可以解决这个问题。如果不采用这些技术，那么增加的时间会降低量子计算机的有效速度，门之间的延迟会造成更严重的退相干和更高的误码率。

3.2.3　量子纠错的开销

编码一个容错逻辑量子比特所需的物理量子比特数量取决于物理量子设备的误码率和所选的量子纠错码的距离或保护能力。举个简单的例子，斯特恩(Steane)量子纠错码。该方法将 1 个逻辑量子比特编码成 7 个物理量子比特，距离为 3，因此它可以纠正 1 个误码。为了通过斯特恩码实现更大距离的协议(能够纠正更多的误码)，可以使用一种叫作"级联"的递归方法。这种方法是将斯特恩码应用于一组物理量子比特，然后再将其应用于纠错后的量子比特，将第一级纠错的输出作为下一级中更好的量子比特输入。为达到所需的误码率，可以使用多级纠错。一般来说，将 k 个量子比特编码为 n 个物理量子比特的距离为 d 的级联量子纠错码，写作 $[[n, k, d]]$，当进行 r 级级联时，即为 $[[n^r, k, d^*]]$，其中 $d^* \geqslant d^r$。也就是说，每个逻辑量子比特需要 n^r 个物理量子比特。例如，斯特恩码的 3 级级联将需要 343 个物理量子比特来对 1 个逻辑量子比特进行编码，且距离不小于 27。这个开销比其他许多量子纠错的方法都低。然而，斯特恩码需要误码率低于 10^{-5}，比目前的量子计算机低得多。其他级联码的量子比特开销更高，但可以允许更高的误码率。寻找更好的纠错码是当前较活跃的研究领域。

另一种量子纠错码——表面码，对物理量子比特的误码率不太敏感，即使量子设备的误码率高达 10^{-2}（1%），也能避免误码，也就是说，如果所有门和测量的平均误码率低于 1%，那么该表面码纠正的误码要比其自身增加的误码多。表面码的 1% 误码阈值适用的设备架构为：每个物理量子比特仅会与四个最近的相邻量子比特相互作用（如第 5 章所述），这种架构在目前一些量子计算机的设计中很常见。

然而，高误码阈值的代价是高开销。距离为 d 的表面码需要 $(2d-1) \times (2d-1)$ 个物理量子比特来编码 1 个逻辑量子比特。根据该公式可以明显看出，距离为 3 的表面码（最小的表面码）需要 25 个物理量子比特才能编码 1 个逻辑量子比特。虽然距离为 3 的表面码无法完全纠正所有误码，但由于两个误码才会得到错误的输出，因此该码能降低有效误码率。随着量子计算机的量子比特数量的增加以及误码率的降低，这些小型表面码可以用于提高计算机的有效误码率，同时有效量子比特的数量会显著减少。

当然，要想完全消除误码，大多数量子算法需要的距离都大于 3。例如，为了容错运行肖尔算法或量子化学的哈密顿量模拟，假设初始误码率为 10^{-3}，那么所需的距离约为 35，即大约 15 000 个物理量子比特来编码 1 个逻辑量子比特[61-62]。除了斯特恩码和表面码以外，研究人员还开发出其他资源效率更高的量子纠错码；然而，截至 2018 年，这些纠错码要么缺乏有效的解码算法，要么需要的误码率过低，嘈杂中型量子计算机无法达到。对于制造出完全纠错的量子计算机这一目标，该领域的工作至关重要。

除了量子纠错的物理量子比特开销之外，为了实现容错逻辑量子比特的运算，在编译时需要用软件将逻辑量子比特门转换为对其进行编码的实际物理量子比特门。这种转换直接在量子算法编译中实现，根据量子纠错码和特定距离上的容错替换规则来替换每个逻辑量子比特和每次逻辑运算。替换规则实现了逻辑门和纠错算法，包括辅助测量和相应的经典解码算法。实现每个逻辑门所需的门的数量和时间步长取决于逻辑门和量子纠错算法。关于这些计算的详细信息可参考文献[63]。

发现：通过有噪声的物理量子比特，量子纠错（QEC）算法可以模拟一台理想的量子计算机，从而能够使用实用算法。然而，在模拟逻辑量子比特所需的物理量子比特数量以及模拟逻辑量子运算所需的基本量子比特运算数量这两方面，量子纠错都会产生巨大的开销。

可以说，量子纠错中最令人望而生畏、成本最高的困难是容错的"通用"运算集的实现。现有的量子纠错方案已经发展出了非常经济高效的替换规则，在克利福德（Clifford）群中实现容错逻辑门运算（包括泡利门、受控非门［CNOT］、Hadamard 门［H］、相位门 S，以及它们的组合），以及基于计算的测量等其他方法。然而，通用性还有待非克利福德门（例如，托佛利门［Toffoli］，$\pi/8$ 门，也称 T 门）的容错实现。可以通过多种技术来达到这一目标。例如，魔法态蒸馏能够改进逻辑非克利福德运算（例如逻辑 T 门）的误码率。另一种新开发的技术"纠错码转换"，可以在克利福德门的高效纠错码和非克利福德门的优化纠错码之间来回转换，以实现通用性。这两种方法都会产生物理量子比特、量子门以及经典解码的复杂度等额外的开销。容错克利福德门和通用容错门所产生的巨大开销一直是量子纠错码和容错方案等研究的主要驱动力。

在魔法态蒸馏方面，目前已开发出若干方法来降低开销成本[64]。在最简单的形式中（尽管在资源开销方面并不是最佳形式），T 门的魔法态蒸馏可以将物理 T 门转换为误码率为 $35p^3$ 的逻辑 T 门。如果该误码率仍然太高，无法实现算法，那么就可以将这个过程进行递归，误码率达到 $35(35p^3)^3$，依此类推，递归 r 次的误码率为 $35^r p^{3r}$。每次递归需要 15 个量子比特来执行一个改进的 T 门，所以，r 次递归需要 15^r 个量子比特（可以使用物理或逻辑量子比特，取决于 T 门上的输出误码率需求）。因此，虽然量子纠错协议对于克利福德运算和逻辑量子比特编码来说开销很高，但目前开销最高的过程是实现通用性所需的非克利福德门的容错实现[65]。为说明克利福德门和非克利福德门的资源需求，表 3.1 列出了对分子系统 FeMoco 进行纠错量子模拟的需求估计。该例子可以视为截至 2017 年的纠错性能的写照。随着量子化学和模拟算法的研究不断深入，这些数字可能会得到改进。

表 3.1 使用哈密顿量模拟的串行算法和用于纠错的表面码对化学结构
（固氮酶中的 FeMoco）进行纠错模拟所需资源的估计

物理量子比特误码率	10^{-3}	10^{-6}	10^{-9}
每个逻辑量子比特所需的物理量子比特数	15 313	1 103	313
量子计算机中的物理量子比特总数	1.7×10^6	1.1×10^5	3.5×10^4

（续表）

T 门魔法态蒸馏数	202	68	38
每次魔法态蒸馏所需的物理量子比特数	8.7×10^5	1.7×10^4	5.0×10^3
包含魔法态蒸馏的物理量子比特总数	1.8×10^8	1.3×10^6	2.3×10^5

注：表格显示的是在三种特定的物理量子比特误码率条件下，实现容错算法所需的物理量子比特的数量和质量。该估计是基于算法实例所需的 111 个逻辑量子比特和 100 MHz 的物理门频率。注意，魔法态蒸馏（也叫 T 工厂）的需求要远远大于其他纠错的需求。实现无误码非克利福德门的开销要比通过特殊量子纠错码（表面码和魔法态蒸馏）对量子比特和其他克利德运算进行编码的开销高出若干个数量级。

资料来源：M.Reisher、N.Wiebe、K.M.Svore、D.Wecker 和 M.Troyer，2017，阐明量子计算机的反应机制，美国国家科学院学报，114：7555-7560。

发现：量子纠错算法的性能受到实现纠错所需最高开销的运算数的限制，例如，使用表面码时，"非克利福德群"运算需要大量基本门运算来纠错，且占用了整个算法所需的绝大多数时间。

研究人员正继续进行新的量子纠错码和新的量子容错方案研发，目标是大幅降低实现容错量子计算所需的资源开销。这项工作大部分都集中在表面码及其变体的研究上，如一种称为拓扑码的纠错码[66]。由于表面码仍存在许多未解决的问题，研究人员继续寻找这种纠错码的使用[67]、评估以及解码的更好方法[68]。当实验系统达到可运行有趣的容错实验的规模，且这些量子计算机可以交错进行量子运算和测量时，就可以测试量子纠错的方案，从而对理论和分析进行验证。这类实验的真正好处在于，量子纠错的研究人员可以看到"现实"的系统误码的影响和来源，而不是仅仅是理论噪声模型。对实际误码的深入了解有助于为实用量子计算机的误码统计定制更有效的量子纠错码。同理，将开销最小化对于容错方案的使用来说至关重要，尤其是部署在早期量子设备上时，其原因是高质量量子比特的数量有限。

早在 2005 年，研究人员就已在超导量子比特和囚禁离子量子比特设备上实现了这类协议的基本特性。由于物理量子比特运算的门保真度一般较低，这类实验尚未能生成容错逻辑量子比特[69-71]。近期，在目前的量子计算机上实现了量子误码检测码（量子纠错的前身），且有一些成功的证明[72-73]。如第 7 章所示，通过成功实现量子纠错来模拟实际的容错逻辑量子比特仍然是一个重要的里程碑。

3.3 量子近似算法

由于纠错的高开销会阻碍其在早期量子计算机上的应用，因此，研究人员一直在寻找其他方法来将其用于早期的量子计算机。一种很有潜力的方法是放弃求解计算问题的精确解，而使用近似的或启发式的方法来求解问题。该思路产生了许多量子算法和量子-经典混合算法，可用于各种任务，包括：分子和材料等多体系统的模拟[74-82]、优化[83]以及机器学习应用[84-86]。这些算法的目标是为问题提供近似而有用的解，所需资源比其他方法更少。

3.3.1 变分量子算法

许多有趣的问题，特别是量子化学中的问题，可以被定义为本征值问题。根据量子力学的变分原理，量子化学系统基态（最低能量）的计算能量会随着对解的不断逼近而降低，渐近地接近真实值。这一原理产生了用于求解这类问题的经典迭代算法，将解的粗略猜测作为输入，而输出是某种改进的近似值。然后将该输出作为下一次迭代的输入。随着每次迭代的进行，输出会越来越接近真实的解，但绝不会超过它。

这种方法可以分为经典算法和量子算法，由量子计算机执行优化步骤，然后读取，再由经典控制单元决定是否执行下一次迭代。由于能够从许多小的、独立的步骤中分离出量子计算，只需在单个步骤的过程中保持相干性，因此这种灵活的方法能改进量子比特所需的保真度，且能得到有用的结果。基于这个原因，研究人员建议将量子变分算法应用于数字嘈杂中型量子计算机。值得注意的是，这类算法也可以用于完全纠错的量子计算机。

一个具体例子是变分量子本征值求解器（VQE）[87-95]，它将一个大问题分解成若干更小的问题，每个小问题都可以独立地求得近似解，所有结果的总和则对应于大问题的近似解。重复该过程，一直到触发启发式停止标准，通常相当于达到能量阈值。变分量子本征值求解器的计算能力取决于所采用的量子态的假设形式。一些假设可以用简单的电路来定义，硬件能够访问这些电路，而另一些假设则用于捕获特定类型的量子关联。当量子寄存器中的量子比特数量以及所用量子电路的深度生成了难以在经典计算机中制备的状态时，利用一台经典计算机来逼近多体系统的波函数和性质。在执行类似这种任务时，变分量子本征值求解器算法具有竞争力。这种情况下，门和量子比特的具体数量在很大程度上取决于算法的类型，但即使是量子模拟应用的一次非常粗略的估计，也可能需要数百个量子比特和数万个量子门[96]。

同一类型的另一种方法是量子近似优化算法（QOA）[97]，该算法用于优化问题(如可满足性问题)的波函数变分计算。算法的流程与变分量子本征值求解器算法类似，即进行若干次制备和测量实验，然后用经典计算机进行优化。对这种方法所产生的量子态进行采样，可以得到计算问题的近似解或精确解。

3.3.2 模拟量子算法

除了基于门的量子计算机的算法外，还有一些方法可以直接用哈密顿量来表示任务。哈密顿量可能会随时间而变化，也可能不随时间而变化。当模拟结束时，系统状态即包含了结果的编码。"直接量子模拟"是该方法的一个示例，也是一种模拟量子计算，其生成的哈密顿量与所探索量子系统的哈密顿量相似。直接量子模拟的例子包括自旋哈密顿量的实现[98]和量子相变的研究[99-101]。

量子退火，更确切地说是绝热量子优化，也采取了这种"模拟"方法，它提供了设计量子算法的通用模式，而不需要逻辑运算或门的抽象层。这两种方法是密切相关的：绝热量子优化是零度的量子退火。绝热量子计算很有趣，因为理论上可以将任何基于门的量子计算转换为等价的绝热量子计算(尽管可能不是一种有效的求解方法)[102]。这些方法需要将一个优化问题映射为一个哈密顿量 H_f，这样，找到由哈密顿量明确的系统最低能量或基态，就相当于求解了该问题。

绝热量子优化算法的实现步骤如下：一组量子比特的哈密顿量为 H_i，基态已知，然后缓慢地将 H_i 转化为 H_f。如果哈密顿量的变化足够缓慢(绝热)，那么量子系统将保持在基态，这一过程将使系统的基态从 H_i 变为 H_f。对最终状态进行测量，将大概率能够得到问题的解[103-104]。

根据法尔希(Farhi)等人[105]的研究，人们对这种算法的前景感到非常兴奋。有证据表明，该算法可以快速处理 3SAT 的随机实例。3SAT 是一个逻辑可满足性问题，与许多其他难题等价。算法的理论分析相当有挑战性，因为它的运行时间是由时间演化哈密顿量的谱隙(基态附近的态的能量差)决定的。一些文献分析了多种情况下的谱隙，确定了 3SAT 公式和其他 NP 完全问题的类别，而绝热算法的谱隙比这些问题要小指数级，也就是说，在求解这些问题时，这种方法所需的时间是问题规模的指数级[106-107]。所以这种类型的计算的形式幂仍然是未知的。因此，量子退火算法要实现加速求解，很大程度上是基于经验的。研究人员需要把在量子退火机上完成给定任务所需的时间与在最佳的经典计算机系统上得到相同结果所需的时间进行比较。

现实中的所有量子计算机都在特定的温度下工作。当该温度对应的能量大于谱隙时,模拟量子计算机只能实现量子退火,而无法实现绝热量子计算。从实验实现的角度来看,量子退火算法特别有吸引力,但需要注意的是,这类算法的理论分析十分困难,且模型也没有明确的容错理论。绝热优化设备,特别是 D-Wave公司生产的设备,解决了重大的工程难题,可以迅速扩展至数千个量子比特,但代价是在一定程度上降低了量子比特的保真度。虽然最初这些设备似乎能在某些应用中表现出可观的加速,然而针对特定问题的新经典算法的深入研究也取得了进展,因此量子设备的加速求解效果相对也就不明显[108]。近期研究表明,D-Wave公司的量子计算机工作时的温度相对较高[109],且设备中存在某些模拟误码[110],也反映了这个问题,当然,不能排除量子退火机存在其他基本限制的可能。

3.4　量子计算机的应用

从前面的讨论中可以明显看出,研究人员已开发出许多量子算法用于基于门的量子计算机和量子退火机。美国国家标准与技术研究所(NIST)维护着一份关于量子算法的在线综合目录[111]。虽然从理论上来说,这些算法能实现量子加速求解,但这种加速求解通常是一些基础性技术的结果,特别是量子傅里叶变换、量子随机游走以及哈密顿量模拟。而且,大多数算法需要大量高质量量子比特才能发挥作用,所需的量子纠错可能远远超出目前原型设备中的可用量子资源。此外,目前无法有效地将大量输入数据载入,这一点表明,许多算法在实践中很难实现。

此外,算法本身一般不是应用的一部分,需要将算法的模块进行组合才能执行实用任务。随着量子计算机制造的实验工作取得进展,近期所面临的挑战在于发现或创建量子应用及其所需的算法。与部署在无纠错设备上的经典方法相比,最好的算法是能够显著加速求解的实用量子算法。

3.4.1　量子计算机的近期应用

量子计算机的潜在近期应用是目前一个活跃的研究领域。预计此类应用可能需要很少的量子比特,可以用相对较简单的代码来实现(也就是说,需要相对较短的门序列),且可以在嘈杂中型量子计算机上运行。研究人员认为,第 3.3 节中讨论的近似算法有较大希望能够在近期的模拟或数字嘈杂中型量子计算机上实现。虽然这类计算机有许多潜在的商业应用,但截至本报告(2018 年)发表时,在嘈杂中型量子计算机上运行的所有算法都并不一定就比经典方法更具优势。所有与委员会交谈过的研究人员，包括初创公司的研究人员，都认为这是一个关键的研究领域。

发现： 目前还没有公开的基于量子算法的商业应用，既能够在近期的模拟或数字嘈杂中型量子计算机上运行，又比经典方法更有优势。

3.4.2 量子优越性

在通往实用量子计算机的道路上，一个必要的里程碑是量子优越性，即无论计算是否有用，任意量子计算都难以在经典计算机上进行。从本质上来说，量子优越性是量子计算机不符合邱奇-图灵论题的实验证明。量子优越性还能消除人们对量子计算机可行性的怀疑，并作为量子理论在高复杂性领域的应用的一个测试。为了实现这一目标，需要制造一台足够大型的量子计算机，来证明其量子优越性，且找到一个简单的问题，量子计算机可以执行，但经典计算机很难计算。通常这类问题的特征是：对量子比特进行运算，从而产生纠缠量子态，然后对量子态进行采样，来估计其概率分布[112]。

亚伦森（Aaronson）和阿尔希波夫（Arkhipov）在关于采样问题的经典复杂性的早期工作基础上[114-115]，于2010年在玻色采样建议中首次提出了一个很好的量子测试问题[113]。他们证明，非相互作用玻色随机系统的输出概率计算属于复杂的P-hard问题，经典计算机难以进行这种计算。此外，假设这些概率的近似也是P-hard问题，那么经典计算机甚至无法对典型线性光网络的随机输出进行采样。对于量子计算机来说，实现这种采样（称为"量子比特采样"）就相当于证明了量子优越性。虽然实验物理学家们对玻色采样很感兴趣，一些实验室已经实现了小规模的采样，包括6光子实验[116]，但将这类实验推广到实现量子优越性所需的大约50个光子仍然是一项艰巨的挑战[117]。

2016年，谷歌理论团队（Google theory group）提出了一种不同的方法，证明超导量子比特的量子优越性[118]。受到实验的启发，量子优越性在超导嘈杂中型量子计算机的制造道路上起到里程碑的作用。具体来说，随机电路采样（RCS）需要实现一个随机量子电路并测量电路的输出。他们推测，对经典计算机来说，从这类随机电路的输出分布中进行采样很难实现。近期，布兰德（Bouland）等人提出了强有力的复杂性理论证据，证明了对经典计算机来说，随机电路采样的难度与玻色采样的难度相当[119]。

量子优越性主要包括两个部分：首先是明确能在近期内通过实验实现的量子计算任务，但对于任何在经典计算机上运行的算法来说，这些任务都是难以实现的。其次是通过有效方法来验证量子设备是否真的执行了计算任务。这一步特别复杂，因为量子算法是对某一特定概率分布（即所选量子电路的输出分布）的样本进行计算。解决该验证问题的一个简单方法是选择量子比特数量 n，使其足够小（$n \approx 50$），这样经典超级计算机就可以对所选量子电路的输出分布进行计算。然而，需要验证量子设备的输出是否真的源自该分布（或附近），这方面仍然面临着重大挑战，也很难证明。

因此，随机电路采样量子优越性模型[120]提出了以交叉熵的形式来计算设备的采样分布和所选量子电路的真实输出分布的数值。结果表明，如果满足一个简单的条件，即设备的采样分布的熵不小于所选量子电路的真实输出分布的熵，那么交叉熵的数值证明，这两个分布相近[121]。然而，尽管该条件适用于许多噪声模型，例如局部去极化噪声，但无法通过任意合理的样本数量来进行验证。另一种验证方案使用了生成大量输出（或 HOG）的概念[122]，且可以在（非标准）复杂性假设下验证量子优越性。第三种验证方案，生成合并输出（BOG）同时验证了 HOG 和交叉熵，且从信息理论的角度来说，BOG 在某种形式的模型中是最优的[123]。

2017 年，研究人员在 9 量子比特的设备上对这种量子优越性算法进行了原理验证测试[124]。运算次数乘以量子比特数量之积与误码率成正比，每个双量子比特门的平均误码率约为 0.3%。对一个大约 50 量子比特的量子设备进行简单的推理，就可以得到量子优越性的结果，谷歌硬件团队（及其他研究人员）正在努力实现这一目标。

这些方法无法回答两个问题。第一个问题是如何在没有熵假设（非标准复杂性假设）的情况下进行验证。第二个问题是，能否实现超出经典超级计算机的计算能力极限的量子优越性，根据目前的理解，大约为 50 个量子比特的数量级。最近研究人员提出了在后量子密码的基础上证明量子优越性的方法。具体来说，基于带误差学习（LWE）问题的困难性，针对具有任意数量量子比特的量子计算机，该方案给出了一种可证明的验证量子优越性的方法[125]。

发现：虽然有些团队一直在努力证明量子优越性，但这一里程碑尚未得到完全证明（截至本报告发表之日）。量子优越性的实现很难确定，这一目标可能会继续变化，因为在特定的基准问题求解方面，经典方法也得到了改进。

总而言之，寻求量子优越性方面已实现了一个有趣的目标：理论工具的开发,可用于某些量子问题的计算难度的严格分析,这些问题很快就可以通过实验来解决。然而,由于难度的不确定性(即基于非标准难度推测)以及这些结果所能处理的噪声模型的局限性,因此仍然有许多工作要做。

3.4.3 理想量子计算机的应用

在开发一台鲁棒的、大型纠错量子计算机时,对任意数量的实际问题或部分问题来说,现有的已经实现加速求解的算法都是有用的。量子算法最知名的应用可能是密码学领域(特别是密码破译),这是基于数学的直接应用。下一章将对这些应用进行讨论。不管是在基础科学还是应用科学领域,量子模拟都是一种潜在的"杀手级应用",特别是在量子化学领域[126]。

电子结构问题因其在化学和材料科学领域的中心地位而备受关注。该问题需要求解的是电子在外电场中相互作用的基态能量和波函数(通常是由原子核引起的)。电子结构决定了化学性质以及化学反应的速率与产物。虽然求解该问题的经典计算方法(如密度泛函理论)在许多情况下(如预测分子的几何结构)是相当有效的,但这些方法通常无法达到预测化学反应速率,或区分相关材料的不同相所需的准确度。当系统中含有过渡金属元素时(大多数催化剂中都含有过渡金属元素)尤其如此。量子计算机可以使这个在经典领域棘手的问题得到有效解决。实际上,一种早期的量子算法比经典的化学反应速率常数计算方法要快指数级[127]。长期以来人们无法用系统和预测理论来描述化学反应和物质相,这一算法及其他算法可以打开化学反应的大门,使人们能够对其深入了解。这些结果还可以在能源储存、设备显示、工业催化剂以及药物研发等领域得到商业应用。

3.5 量子计算机在计算生态系统中的潜在作用

虽然量子化学、优化(包括机器学习)以及密码破译是理想量子计算机最知名的潜在应用,但该领域在算法(如本章所述)和设备(如第 5 章所述)方面仍处于早期阶段。现有的算法可能需要改进,或者通过未知的方式来实现。随着研究的继续,新的算法也可能会出现。因此,除了密码学之外,我们无法预测量子计算机对各个商业领域的影响。量子计算机是如此年轻,很多变化甚至还没有出现。对于密码学来说,未来运行肖尔算法的量子计算机的潜力巨大,我们必须从今天就行动起来。这些问题将在第 4 章中进行描述。

从本章的讨论中我们可以清楚地看到,通过部署已知量子算法,可以使一些以前难以求解的问题得到有效解决。然而,即使是一台大型纠错量子计算机也不一定总是优于经典计算机。实际上,许多类型的问题无法通过量子计算机实现加速求解,而经典计算生态系统(包括硬件、软件和算法)的成熟则意味着,对于这些问题而言,经典计算将仍然是占主导地位的计算平台。即使通过量子计算机可以实现某些应用的加速求解,加速求解的部分也可能只是相关的更广泛任务的一小部分。所以,在可以预见的未来,量子计算机很可能只会用于执行某些任务的某些部分,而其余的运算则在经典计算机上得到更有效的执行。因此,可以认为量子计算机是一个协处理器,而不是经典计算机的替代。此外,如第 5 章所述,任何量子计算的物理实现都需要在受控环境中对其所维持的量子比特进行大量复杂的门运算,这时将会需要使用经典计算机。

发现:量子计算机不可能直接取代经典计算机,也不可能适用于所有应用。目前可以认为量子计算机是一种有特殊用途的设备,是作为经典计算机的补充,类似于协处理器或加速器。

3.6 参考文献

[1] E. Bernstein and U. Vazirani, 1997, Quantum complexity theory, SIAM Journal on Computing 26(5): 1411-1473.

[2] D. Simon, 1997, On the power of quantum computation, SIAM Journal on Computing 26(5): 1474-1483.

[3] P. Shor, 1994, "Algorithms for Quantum Computation: Discrete Logarithms and Factoring," pp. 124 - 134 in 35th Annual Symposium on Foundations of Computer Science, 1994 Proceedings, https://ieeexplore.ieee.org.

[4] R.J. Anderson and H. Wolf, 1997, Algorithms for the certified write-all problem, SIAM Journal on Computing 26(5): 1277-1283.

[5] R.M. Karp, 1975, On the computational complexity of combinatorial problems, Networks 5(1): 45-68.

[6] C.H. Bennett, E. Bernstein, G. Brassard, and U. Vazirani, 1997, Strengths and weaknesses of quantum computing, SIAM Journal on Computing 26(5): 1510-1523.

[7] L.K. Grover, 1996, "A Fast Quantum Mechanical Algorithm for Database Search," pp. 212-219 in Proceedings of the Twenty-Eighth Annual ACM Symposium on Theory of Computing, https://dl.acm.org/proceedings.cfm.

［8］S. Cook，2006，"The P versus NP problem," pp. 87 - 104 in The Millennium Prize Problems（J. Carlson，A. Jaffe，A. Wiles，eds.），Clay Mathematics Institute/American Mathematical Society，Providence，R.I.

［9］J. Preskill，2018，"Quantum Computing in the NISQ Era and Beyond," arXiv：1801.00862.

［10］L. Hales and S. Hallgren，2000，"An Improved Quantum Fourier Transform Algorithm and Applications," pp. 515-525 in 41st Annual Symposium on Foundations of Computer Science，2000 Proceedings，https：//ieeexplore.ieee.org.

［11］P.W. Shor，1994，"Algorithms for Quantum Computation：Discrete Logarithms and Factoring," pp. 124 - 134 in 35th Annual Symposium on Foundations of Computer Science，1994 Proceedings，https：//ieeexplore.ieee.org.

［12］R. Jozsa，2001，Quantum factoring，discrete logarithms，and the hidden subgroup problem，Computing in Science and Engineering 3(2)：34-43.

［13］A.Y. Kitaev，1995，"Quantum Measurements and the Abelian Stabilizer Problem," preprint arXiv：quant-ph/9511026.

［14］L.K. Grover，1996，"A Fast Quantum Mechanical Algorithm for Database Search," pp. 212-219 in Proceedings of the Twenty-Eighth Annual ACM Symposium on Theory of Computing，https：//dl.acm.org/proceedings.cfm.

［15］C.H. Bennett，E. Bernstein，G. Brassard，and U. Vazirani，1997，Strengths and weaknesses of quantum computing，SIAM Journal on Computing 26(5)：1510-1523.

［16］G. Brassard，P. Hoyer，M. Mosca，and A. Tapp，2002，Quantum amplitude amplification and estimation，Contemporary Mathematics 305：53-74.

［17］E. Farhi，J. Goldstone，and S. Gutmann，2007，"A Quantum Algorithm for the Hamiltonian NAND Tree," preprint arXiv：quant-ph/0702144.

［18］A. Ambainis，A.M. Childs，B.W. Reichardt，R. Špalek，and S. Zhang，2010，Any AND-OR formula of size N can be evaluated in time $N^{1/2}+O(1)$ on a quantum computer，SIAM Journal on Computing 39(6)：2513-2530.

［19］V. Giovannetti，S. Lloyd，and L. Maccone，2008，Quantum random access memory，Physical Review Letters 100(16)：160501.

［20］R.P. Feynman，1982，Simulating physics with computers，International Journal of Theoretical Physics 21(6-7)：467-488.

［21］D.S. Abrams and S. Lloyd，1997，Simulation of many-body Fermi systems on a universal quantum computer，Physical Review Letters 79(13)：2586.

［22］D. Aharonov and A. Ta-Shma，2003，"Adiabatic Quantum State Generation and Statistical

Zero Knowledge," pp. 20–29 in Proceedings of the Thirty-Fifth Annual ACM Symposium on Theory of Computing, https://dl.acm.org/proceedings.cfm.

[23] D.W. Berry, A.M. Childs, R. Cleve, R. Kothari, and R.D. Somma, 2015, Simulating Hamiltonian dynamics with a truncated Taylor series, Physical Review Letters 114 (9): 090502.

[24] R. Babbush, D.W. Berry, I.D. Kivlichan, A. Scherer, A.Y. Wei, P.J. Love, and A. Aspuru-Guzik, 2017, Exponentially more precise quantum simulation of fermions in the configuration interaction representation, Quantum Science and Technology 3: 015006.

[25] G.H. Low and I.L. Chuang, 2016, "Hamiltonian Simulation by Qubitization," preprint arXiv: 1610.06546.

[26] 参见: G.H. Low and I.L. Chuang, 2017, Optimal Hamiltonian simulation by quantum signal processing, Physical Review Letters 118(1): 010501.

[27] R. Babbush, D.W. Berry, I.D. Kivlichan, A.Y. Wei, P.J. Love, and A. Aspuru-Guzik, 2016, Exponentially more precise quantum simulation of fermions I: Quantum chemistry in second quantization, New Journal of Physics 18: 033032.

[28] D.W. Berry, A.M. Childs, and R. Kothari, 2015, "Hamiltonian Simulation with Nearly Optimal Dependence on All Parameters," pp. 792–809 in Proceedings of the 56th IEEE Symposium on Foundations of Computer Science, https://ieeexplore.ieee.org.

[29] S. McArdle, S. Endo, A. Aspuru-Guzik, S. Benjamin, and X. Yuan, 2018, "Quantum Computational Chemistry," preprint arXiv: 1808.10402.

[30] D. Wecker, M.B. Hastings, N. Wiebe, B.K. Clark, C. Nayak, and M. Troyer, 2015, Solv-ing strongly correlated electron models on a quantum computer, Physical Review A 92(6): 062318.

[31] C. Dykstra, G. Frenking, K.S. Kim, and G.E. Scuseria, 2005, Theory and Applications of Computational Chemistry: The First Forty Years, Elsevier, Amsterdam.

[32] M. Reiher, N. Wiebe, K.M. Svore, D. Wecker, and M. Troyer, 2017, Elucidating reaction mechanisms on quantum computers, Proceedings of the National Academy of the Sciences of the U.S.A. 114: 7555–7560.

[33] G. Wendin, 2017, Quantum information processing with superconducting circuits: A review, Reports on Progress in Physics 80(10): 106001.

[34] M. Reiher, N. Wiebe, K.M. Svore, D. Wecker, and M. Troyer, 2017, Elucidating reaction mechanisms on quantum computers, Proceedings of the National Academy of the Sciences of the U.S.A. 114: 7555–7560.

[35] B. Bauer, D. Wecker, A.J. Millis, M.B. Hastings, and M. Troyer, 2016, Hybrid

quantum-classical approach to correlated materials, Physical Review X6: 031045.

[36] 参见: J. Olson, Y. Cao, J. Romero, P. Johnson, P. -L. Dallaire-Demers, N. Sawaya, P. Narang, I. Kivlichan, M. Wasielewski, and A. Aspuru-Guzik, 2017, "Quantum Information and Computation for Chemistry," preprint arXiv: 1706.05413, for a good overview.

[37] R. Babbush, D.W. Berry, I.D. Kivlichan, A.Y. Wei, P.J. Love, and A. Aspuru-Guzik, 2017, Exponentially more precise quantum simulation of fermions in the configuration interaction representation, Quantum Science and Technology 3: 015006.

[38] J. Olson, Y. Cao, J. Romero, P. Johnson, P. -L. Dallaire-Demers, N. Sawaya, P. Narang, I. Kivlichan, M. Wasielewski, and A. Aspuru-Guzik, 2017, "Quantum Information and Computation for Chemistry," preprint arXiv: 1706.05413.

[39] I.D. Kivlichan, J. McClean, N. Wiebe, C. Gidney, A. Aspuru-Guzik, G. Kin-Lic Chan, and R. Babbush, 2018, Quantum simulation of electronic structure with linear depth and connectivity, Physical Review Letters 120: 11501.

[40] R. Babbush, C. Gidney, D.W. Berry, N. Wiebe, J. McClean, A. Paler, A. Fowler, and H. Neven, 2018, "Encoding Electronic Spectra in Quantum Circuits with Linear T Complexity," preprint arXiv: 1805.03662.

[41] G.H. Low and N. Wiebe, 2018, "Hamiltonian Simulation in the Interaction Picture," preprint arXiv: 1805.00675.

[42] D.W. Berry, M. Kieferová, A. Scherer, Y.R. Sanders, G.H. Low, N. Wiebe, C. Gidney, and R. Babbush, 2018, Improved techniques for preparing eigenstates of fermionic Hamiltonians, npj Quantum Information 4(1): 22.

[43] D. Wecker, M. B. Hastings, N. Wiebe, B.K. Clark, C. Nayak, and M. Troyer, 2015, Solving strongly correlated electron models on a quantum computer, Physical Review A 92 (6): 062318.

[44] D. Poulin, M.B. Hastings, D. Wecker, N. Wiebe, A.C. Doherty, and M. Troyer, 2014, "The Trotter step size required for accurate quantum simulation of quantum chemistry," arXiv preprint arXiv: 1406.49.

[45] M.B. Hastings, D. Wecker, B. Bauer, and M. Troyer, 2014, "Improving Quantum Algorithms for Quantum Chemistry," preprint arXiv: 1403.1539.

[46] D. Poulin, A. Kitaev, D.S. Steiger, M.B. Hastings, and M. Troyer, 2018, Quantum algorithm for spectral measurement with a lower gate count, Physical Review Letters 121 (1): 010501.

[47] D. Wecker, B. Bauer, B.K. Clark, M.B. Hastings, and M. Troyer, 2014, Gate-count estimates for performing quantum chemistry on small quantum computers, Physical

Review A 90(2): 022305.

[48] A.W. Harrow, A. Hassidim, and S. Lloyd, 2009, Quantum algorithm for linear systems of equations, Physical Review Letters 103(15): 150502.

[49] A.M. Childs and W.V. Dam, 2010, Quantum algorithms for algebraic problems, Reviews of Modern Physics 82(1): 1.

[50] D.W. Berry, A.M. Childs, A. Ostrander, and G. Wang, 2017, Quantum algorithm for linear differential equations with exponentially improved dependence on precision, Communications in Mathematical Physics 356(3): 1057-1081.

[51] F.G.S.L. Brandao and K. Svore, 2017, "Quantum Speed-Ups for Semidefinite Programming," https://arxiv.org/abs/1609.05537.

[52] I. Kerenidis and A. Prakash, 2016, "Quantum Recommendation Systems," preprint arXiv: 1603.08675.

[53] E. Tang, 2018, "A Quantum-Inspired Classical Algorithm for Recommendation Systems," preprint arXiv: 1807.04271.

[54] P.D. Johnson, J. Romero, J. Olson, Y. Cao, and A. Aspuru-Guzik, 2017, "QVECTOR: An Algorithm for Device-Tailored Quantum Error Correction," preprint: arXiv: 1711.02249.

[55] A. Kandala, K. Temme, A.D. Corcoles, A. Mezzacapo, J.M. Chow, and J.M. Gambetta, 2018, "Extending the Computational Reach of a Noisy Superconducting Quantum Processor," arXiv: 1805.04492.

[56] A.R. Calderbank and P.W. Shor, 1997, "Good quantum error-correcting codes exist," Physical Review A, 54: 1098-1106, arXiv: quant-ph/9512032.

[57] A. Steane, 1996, Simple quantum error correcting codes, Physical Review A54: 4741, arXiv: quant-ph/9605021.

[58] 参见: E. Knill, 2005, Quantum computing with realistically noisy devices, Nature 434: 39-44.

[59] P. Aliferis, D. Gottesman, and J. Preskill, 2006, Quantum accuracy threshold for concatenated distance-3 codes, Quantum Information and Computation6: 97-165, arXiv: quant-ph/0504218.

[60] W.K. Wootters and W.H. Zurek, 1982, A single quantum cannot be cloned, Nature 299 (5886): 802-803.

[61] M. Reiher, N. Wiebe, K.M. Svore, D. Wecker, and M. Troyer, 2017, Elucidating reaction mechanisms on quantum computers, Proceedings of the National Academy of the Sciences of the U.S.A. 114: 7555-7560.

［62］A. G. Fowler, M. Mariantoni, J. M. Martinis, and A. N. Cleland, 2012, Surface codes: Towards practical large-scale quantum computation, Physical Review A 86: 032324.

［63］For details on low-distance codes, see Y. Tomita and K. M. Svore, 2014, "Low-distance Surface Codes under Realistic Quantum Noise," https://arxiv.org/pdf/1404.3747.pdf. For general replacement rules for the surface code, see, for example, A. G. Fowler, M. Mariantoni, J. M. Martinis, and A. N. Cleland, 2012, "Surface Codes: Towards Practical Large-Scale Quantum Computation, https://arxiv.org/abs/1208.0928. For concatenated and block codes, see, for example, P. Aliferis, D. Gottesman, and J. Preskill, 2005, "Quantum Accuracy Threshold for Concatenated Distance-3 Codes," https://arxiv.org/abs/quant-ph/0504218, and K. M. Svore, D. P. DiVincenzo, and B. M. Terhal, 2006, "Noise Threshold for a Fault-Tolerant Two-Dimensional Lattice Architecture," https://arxiv.org/abs/quant-ph/0604090.

［64］参见: M. B. Hastings, J. Haah, "Distillation with Sublogarithmic Overhead," https://arxiv.org/abs/1709.03543;

J. Haah and M. B. Hastings, 2017, "Codes and Protocols for Distilling T, controlled S, and Toffoli Gates," https://arxiv.org/abs/1709.02832;

J. Haah, M. B. Hastings, D. Poulin, and D. Wecker, 2017, "Magic State Distillation at Intermdediate Size," https://arxiv.org/abs/1709.02789; and

J. Haah, M. B. Hastings, D. Poulin. and D. Wecker, 2017, "Magic State Distillation with Low Space Overhead and Optimal Asymptotic Input Count," https://arxiv.org/abs/1703.07847.

［65］参见: Table II in M. Reiher, N. Wiebe, K. M. Svore, D. Wecker, and M. Troyer, 2017, "Elucidating Reaction Mechanisms on Quantum Computers," https://arxiv.org/pdf/1605.03590.pdf, for detailed numbers on the cost of the T implementation for understanding reaction mechanisms on a quantum computer using Hamiltonian simulation.

［66］H. Bombin and M. A. Martin-Delgado, 2006, Topological quantum distillation, Physical Review Letters97: 180501, arXiv: quant-ph/0605138.

［67］参见: J. E. Moussa, 2016, Transversal Cliffordgates on folded surface codes, Physical Review A 94: 042316, arXiv: 1603.02286;

C. Horsman, A. G. Fowler, S. Devitt, and R. Van Meter, 2012, Surface code quantum computing by lattice surgery, New Journal of Physics 14: 123011, arXiv: 1111.4022;

S. Bravyi and A. Cross, 2015, "Doubled Color Codes," arXiv: 1509.03239;

H. Bombin, 2015, Gauge color codes: Optimal transversal gates and gauge fixing in topological stabilizer codes, New Journal of Physics 17: 083002, arXiv: 1311.0879;

T.J. Yoder and I.H. Kim, 2017, The surface code with a twist, Quantum 1: 2, arXiv: 1612.04795.

[68] 参见: S. Bravyi, M. Suchara, and A. Vargo, 2014, Efficient algorithms for maximum likelihood decoding in the surface code, Physical Review A 90: 032326, arXiv: 1405.4883;

G. Duclos-Cianci and D. Poulin, 2014, Fault-tolerantrenormalization group decoder for abelian topological codes, Quantum Information and Computation 14: 721-740, arXiv: ! 304.6100.

[69] J. Chiaverini, Di. Leibfried, T. Schaetz, M.D. Barrett, R.B. Blakestad, J. Britton, W.M. Itano, et al., 2004, Realization of quantum error correction, Nature 432(7017): 602.

[70] D. Nigg, M. Mueller, E.A. Martinez, P. Schindler, M. Hennrich, T. Monz, M.A. Martin-Delgado, and R. Blatt, 2014, Quantum computations ona topologically encoded qubit, Science 1253742.

[71] S. Rosenblum, P. Reinhold, M. Mirrahimi, Liang Jiang, L. Frunzio, and R.J. Schoelkopf, 2018, "Fault-Tolerant Measurement of a Quantum Error Syndrome," preprint arXiv: 1803.00102.

[72] N.M. Linke, M. Gutierrez, K.A. Landsman, C. Figgatt, S. Debnath, K.R. Brown, and C. Monroe, 2017, Fault-tolerant quantum error detection, Science Advances 3 (10): e1701074.

[73] R. Harper and S. Flammia, 2018, "Fault Tolerance in the IBM Q Experience," preprint arXiv: 1806.02359.

[74] A. Peruzzo, J.R. McClean, P. Shadbolt, M. -H. Yung, X. -Q. Zhou, P.J. Love, A. Aspuru-Guzik, and J.L. O'Brien, 2013, "A Variational Eigenvalue Solver on a Quantum Processor," arXiv: 1304.3061.

[75] D. Wecker, M.B. Hastings, and M. Troyer, 2015, Progress towards practical quantum variational algorithms, Physical Review A 92: 042303.

[76] J.R. McClean, J. Romero, R. Babbush, and A. Aspuru-Guzik, 2016, The theory of variational hybrid quantum-classical algorithms, New Journal of Physics 18: 023023.

[77] P.J.J. O'Malley, R. Babbush, I.D. Kivlichan, J. Romero, J.R. McClean, R. Barends, J. Kelly, et al., 2016, Scalable quantum simulation of molecular energies, Physical Review X 6: 031007.

[78] R. Santagati, J. Wang, A.A. Gentile, S. Paesani, N. Wiebe, J.R. McClean, S.R. Short, et al., 2016, "Quantum Simulation of Hamiltonian Spectra on a Silicon Chip," arXiv: 1611.03511.

［79］G. G. Guerreschi and M. Smelyanskiy，2017，"Practical Optimization for Hybrid Quantum-Classical Algorithms，" arXiv：1701.01450.

［80］J. R. McClean，M. E. Kimchi-Schwartz，J. Carter，and W. A. de Jong，2017，Hybrid quantum-classical hierarchy for mitigation of decoherence and determination of excited states，Physical Review A 95：042308.

［81］J. R. Romero，R. Babbush，J. R. McClean，C. Hempel，P. Love，and A. Aspuru-Guzik，2017，"Strategies for Quantum Computing Molecular Energies Using the Unitary Coupled Cluster Ansatz，" arXiv：1701.02691.

［82］Y. Shen，X. Zhang，S. Zhang，J. -N. Zhang，M. -H. Yung，and K. Kim，2017，Quantum implementation of the unitary coupled cluster for simulating molecular electronic structure，Physical Review A 95：020501.

［83］参见：E. Farhi，J. Goldstone，and S. Gutmann，2014，"A Quantum Approximate Optimization Algorithm，" arXiv：1411.4028；

E. Farhi，J. Goldstone，and S. Gutmann，2014，"A Quantum Approximate Optimization Algorithm Applied to a Bounded Occurrence Constraint Problem，" arXiv：1412.6062；

E. Farhi and A. W. Harrow，2016，"Quantum Supremacy through the Quantum Approximate Optimization Algorithm，" arXiv：1602.07674.

［84］J. Romero，J. Olson，and A. Aspuru-Guzik，2017，Quantum autoencoders for efficient compression of quantum data，Quantum Science and Technology 2：045001.

［85］M. Benedetti，D. Garcia-Pintos，Y. Nam，and A. Perdomo-Ortiz，2018，"A Generative Modeling Approach for Benchmarking and Training Shallow Quantum Circuits，" https://arxiv.org/abs/1801.07686.

［86］G. Verdon，M. Broughton，and J. Biamonte，2017，"A Quantum Algorithm to Train Neural Networks Using Low-Depth Circuits，" arXiv：1712.05304.

［87］A. Peruzzo，J. R. McClean，P. Shadbolt，M. -H. Yung，X. -Q. Zhou，P. J. Love，A. Aspuru-Buzik，and J. L. O'Brien，2013，"A Variational Eigenvalue Solver on a Quantum Processor，" arXiv：1304.3061.

［88］D. Wecker，M. B. Hastings，and M. Troyer，2015，Progress towards practical quantum variational algorithms，Physical Review A 92：042303.

［89］J. R. McClean，J. Romero，R. Babbush，and A. Aspuru-Guzik，2016，The theory of variational hybrid quantum-classical algorithms，New Journal of Physics 18：023023.

［90］P. J. J. O'Malley，R. Babbush，I. D. Kivlichan，J. Romero，J. R. McClean，R. Barends，J. Kelly，et al.，2016，Scalable quantum simulation of molecular energies，Physical Review X 6：031007.

[91] R. Santagati, J. Wang, A.A. Gentile, S. Paesani, N. Wiebe, J.R. McClean, S.R. Short, et al., 2016, "Quantum Simulation of Hamiltonian Spectra on a Silicon Chip," arXiv: 1611.03511.

[92] G.G. Guerreschi and M. Smelyanskiy, 2017, "Practical Optimization for Hybrid Quantum-Classical Algorithms," arXiv: 1701.01450.

[93] J.R. McClean, M.E. Kimchi-Schwartz, J. Carter, andW.A. de Jong, 2017, Hybrid quantum-classical hierarchy for mitigation of dechoherence and determination of excited states, Physical Review A 95: 042308.

[94] J.R. Romero, R. Babbush, J.R. McClean, C. Hempel, P. Love, and A. Aspuru-Guzik, 2017, "Strategies for Quantum Computing Molecular Energies Using the Unitary Coupled Cluster Ansatz," arXiv: 1701.02691.

[95] Y. Shen, X. Zhang, S. Zhang, J. -N. Zhang, M. -H. Yung, and K. Kim, 2017, Quantum implementation of the unitary coupled cluster for simulating molecular electronic structure, Physical Review A 95: 020501.

[96] P. -L. Dallaire-Demers, J. Romero, L. Veis, S. Sim, and A. Aspuru-Guzik, 2018, "Low-Depth Circuit Ansatz for Preparing Correlated Fermionic States on a Quantum Computer," arXiv: 1801.01053.

[97] E. Farhi, J. Goldstone, and S. Gutmann, 2014, "A Quantum Approximate Optimization Algorithm," preprint arXiv: 1411.4028.

[98] J. Smith, A. Lee, P. Richerme, B. Neyenhuis, P. W.Hess, P. Hauke, M. Heyl, D. A. Huse, and C. Monroe, 2015, "Many-Body Localization in a Quantum Simulator with Programmable Random Disorder," arXiv: 1508.07026.

[99] A. Mazurenko, C.S. Chiu, G. Ji, M.F. Parsons, M. Kanász-Nagy, R. Schmidt, F. Grusdt, E. Demler, D. Greif, and M. Greiner, 2017, A cold-atom Fermi-Hubbard antiferromagnet, Nature 545: 462-466.

[100] R. Harris, Y. Sato, A. J. Berkley, M. Reis, F. Altomare,M.H. Amin, K. Boothby, et al., 2018, Phase transitions in a programmable quantum spin glass simulator, Science 361(6398): 162-165.

[101] A.D. King, J. Carrasquilla, J. Raymond, I. Ozfidan, E. Andriyash, A. Berkley, M. Reis, et al., 2018, Observation of topological phenomena in a programmable lattice of 1, 800 qubits, Nature 560(7719): 456.

[102] D. Aharonov, W. van Dam, J. Kempe, Z. Landau, S. Lloyd, and O. Regev, 2004, "Adiabatic Quantum Computation is Equivalent to Standard Quantum Computation," arXiv: quant-ph/0405098.

[103] T. Kadowaki and H. Nishimori, 1998, Quantum annealing in the transverse Ising model, Physical Review E 58(5): 5355.

[104] T. Albash and D. A. Lidar, 2016, "Adiabatic Quantum Computing," preprint arXiv: 1611.04471.

[105] E. Farhi, J. Goldstone, S. Gutmann, J. Lapan, A. Lundgren, and D. Preda, 2001, A quantum adiabatic evolution algorithm applied to random instances of an NP-complete problem, Science 292(5516): 472-475.

[106] W. Van Dam, M. Mosca, and U. Vazirani, 2001, "How Powerful Is Adiabatic Quantum Computation?," pp. 279-287 in 42nd IEEE Symposium on Foundations of Computer Science, 2001 Proceedings, https://ieeexplore.ieee.org.

[107] A.P. Young, S. Knysh, and V.N. Smelyanskiy, 2008, Size dependence of the minimum excitation gap in the quantum adiabatic algorithm, Physical Review Letters 101 (17): 170503.

[108] 参见: A. Selby, http://www.archduke.org/stuff/d-wave-comment-on-comparison-with-classical-computers/;

S. Boixo, T.F. Rønnow, S.V. Isakov, Z. Wang, D. Wecker, D.A. Lidar, J.M. Martinis and M. Troyer, 2014, Evidence for quantum annealing with more than one hundred qubits, Nature Physics 10: 218-224;

T.F. Rønnow, Z. Wang, J. Job, S. Boixo, S.V. Isakov, D. Wecker, J.M. Martinis, D. A. Lidar, M. Troyer, 2014, Defining and detecting quantum speedup, Science 345: 420;

J. King, S. Yarkoni, M.M. Nevisi, J.P. Hilton, and C.C. McGeoch, "Benchmarking a Quantum Annealing Processor with the Time-to-Target Metric," https://arxiv.org/abs/1508.05087;

I. Hen, J. Job, T. Albash, T.F. Rønnow, M. Troyer, and D.A. Lidar, 2015, Probing for quantum speedup in spin-glass problems with planted solutions, Physical Review A 92: 042325;

S. Mandrà, Z. Zhu, W. Wang, A. Perdomo-Ortiz, and H.G. Katzgraber, 2016, Strengths and weaknesses of weak-strong cluster problems: A detailed overview of state-of-the-art classical heuristics versus quantum approaches, Physical Review A94: 022337;

V.S. Denchev, S. Boixo, S. V. Isakov, N. Ding, R. Babbush, V. Smelyanskiy, J. Martinis, and H. Neven, 2016, What is the Computational Value of Finite-Range Tunneling?, Physical Review X 6: 031015;

S. Mandrà, H.G. Katzgraber, and C. Thomas, 2017, Thepitfalls of planar spin-glass benchmarks: Raising the bar for quantum annealers (again), Quantum Science and

Technology 2(3);

J. King, S. Yarkoni, J. Raymond, I. Ozfidan, A.D. King, M.M. Nevisi, J.P. Hilton, and C.C. McGeoch, 2017, "Quantum Annealing amid Local Rugged ness and Global Frustration," https://arxiv.org/abs/1701.04579;

S. Mandrà and H.G. Katzgraber, 2018, A deceptive step towards quantum speedup detection, Quantum Science and Technology3: 04LT01;

T. Albash and D.A. Lidar, 2018, Demonstration of a scaling advantage for a quantum annealer over simulated annealing, Physical Review X 8: 031016.

[109] T. Albash, V. Martin-Mayor, and I. Hen, 2017, Temperature scaling law for quantum annealing optimizers, Physical Review Letters 119(11): 110502.

[110] T. Albash, V. Martin-Mayor, and I. Hen, 2018, "Analog Errors in Ising Machines," preprint arXiv: 1806.03744.

[111] S. Jordan, 2018, "Algebraic and Number Theoretic Algorithms," National Institute of Standards and Technology, last updated January 18, 2018, http://math.nist.gov/quantum/zoo/.

[112] A.W. Harrow and A. Montanaro, 2017, Quantum computational supremacy, Nature 549 (7671): 203.

[113] S. Aaronson and A. Arkhipov, 2011, "The Computational Complexity of Linear Optics," pp. 333-342 in Proceedings of the Forty-Third Annual ACM Symposium on Theory of Computing, https://dl.acm.org/proceedings.cfm.

[114] M.J. Bremner, R. Jozsa, and D.J. Shepherd, 2010, Classical simulation of commuting quantum computations implies collapse of the polynomial hierarchy, Proceedings of the Royal Society of London A 467(2126): rspa20100301.

[115] B.M. Terhal and D.P. DiVincenzo, 2001, "Classical Simulation of Noninteracting-Fermion Quantum Circuits," arXiv: quant-ph/0108010.

[116] J. Carolan, C. Harrold, C. Sparrow, E. Martín-López, N.J. Russell, J.W. Silverstone, P.J. Shadbolt, et al., 2015, Universal linear optics, Science 349(6249): 711-716.

[117] P. Clifford and R. Clifford, 2018, "The ClassicalComplexity of Boson Sampling," pp. 146-155 in Proceedings of the Twenty-Ninth Annual ACM-SIAM Symposium on Discrete Algorithms, https://www.siam.org/Conferences/About-SIAM-Conferences/Proceedings.

[118] S. Boixo, S.V. Isakov, V.N. Smelyanskiy, R. Babbush, N. Ding, Z. Jiang, M.J. Bremner, J.M. Martinis, and H. Neven, 2017, "Characterizing Quantum Supremacy in Near-Term Devices," arXiv: 1608.00263.

[119] A. Bouland, B. Fefferman, C. Nirkhe, and U. Vazirani, 2018, "Quantum Supremacy and the Complexity of Random Circuit Sampling," arXiv: 1803.04402.

[120] S. Boixo, S. V. Isakov, V. N. Smelyanskiy, R. Babbush, N. Ding, Z. Jiang, M. J. Bremner, J.M. Martinis, and H. Neven, 2017, "Characterizing Quantum Supremacy in Near-Term Devices," arXiv: 1608.00263.

[121] A. Bouland, B. Fefferman, C. Nirkhe, and U. Vazirani, 2018, "Quantum Supremacy and the Complexity of Random Circuit Sampling," arXiv: 1803.04402.

[122] S. Aaronson and L. Chen, 2017, "Complexity-Theoretic Foundations of Quantum Supremacy Experiments," pp. 22: 1 – 22: 67 in 32nd Computational Complexity Conference, CCC 2017(R. O'Donnell, ed.), Volume 79 of LIPIcs, Schloss Dagstuhl — Leibniz-Zentrum für Informatik.

[123] A. Bouland, B. Fefferman, C. Nirkhe, and U. Vazirani, 2018, "Quantum Supremacy and the Complexity of Random Circuit Sampling," arXiv: 1803.04402.

[124] C. Neill, P. Roushan, K. Kechedzhi, S. Boixo, S. V. Isakov, V. Smelyanskiy, R. Barends, et al., 2017, "A Blueprint for Demonstrating Quantum Supremacy with Superconducting Qubits," arXiv: 1709.06678.

[125] Z. Brakerski, P. Christiano, U. Mahadev, U. Vazirani, and T. Vidick, 2018, "Certifiable Randomness from a Single Quantum Device," arXiv: 1804.00640.

[126] K. Bourzac, 2017, Chemistry is quantum computing's killer app, Chemical and Engineering News 95(43): 27-31.

[127] D.A. Lidar and H. Wang, 1999, Calculating the thermal rate constant with exponential speedup on a quantum computer, Physical Review E 59(2): 2429.

第4章 量子计算对密码学的影响

除了依赖于某些操作的计算复杂性才能正确工作的应用程序（如密码学）之外，计算能力的提高一般都是有益的。密码学是计算机系统中保护信息的必不可少的工具，广泛应用于保护互联网上的通信。大规模实用量子计算将会对目前广泛使用的几种加密算法产生重大影响。本节对这些算法的用途以及大型量子计算机的出现对它们产生的影响进行了阐述。由于量子计算机所具备的潜在计算能力，密码学研究界已经开发出（且正在继续开发）后量子（或"量子安全"）加密算法。这些后量子加密算法可用于替代经典计算机上运行的加密算法，其设计目标是：即使对方持有可扩展、容错量子计算机，加密算法也能保证信息的安全。

密码学是互联网上许多交流和交易的基础，尽管这对公众来说可能不是那么明显。例如，大多数网站链接使用的是一种"https"的网络协议，它能够将用户发送到网站的信息和网站发回的信息进行加密，例如信用卡信息、银行账单以及电子邮件。另一个例子是保护计算机系统中存储的密码。计算机系统检查用户输入的密码是否正确，但并不存储该密码。通过这种方式对存储的密码进行保护，可以在发生安全漏洞时，防止密码被攻击者从计算机系统中窃取。

当今的世界是基于网络的，因此由谷歌这类大型公司来对新型加密技术进行实验会相对容易些。谷歌公司可对自己的浏览器和服务器进行修改，增加对新协议的支持。当谷歌浏览器连接到谷歌服务器时，可选择使用新协议。但是，淘汰现有的协议要困难得多，因为在此之前需要将世界上所有基于旧协议的计算机进行更新，并使用新的协议。当人们发现广泛使用的散列函数 MD5 易受到攻击时，就曾进行协议替换。虽然替换方案很快就进行了部署使用，但仍然用了十多年时间才完全停止使用脆弱的散列函数。

本章对当前普通计算系统中所使用的核心加密算法进行了阐述，它们易受到量子计算机的攻击，而另一种加密算法则有望能抵抗量子攻击，但替换广泛部署使用的加密机制将面临许多挑战和限制。

4.1 目前使用的加密算法

要在两个人之间建立一条安全的通信通道，通常分为两个步骤：在密钥交换的过程中，两个人使用一个共享密钥，然后用该共享密钥来对他们的通信进行加密，这样任何没有密钥的人都无法将通信解密。这种信息加密称为对称加密，因为双方使用相同的共享密钥对通信的内容进行加密和解密。

4.1.1 密钥交换和非对称加密

举个例子，通信双方（爱丽丝和鲍勃）进行加密通信的第一步是双方获得一个共享（对称）密钥，该密钥对他们两人来说是已知的，但对其他人来说是未知的。为了生成该共享密钥，双方使用的是密钥交换协议。最广泛使用的密钥交换协议是传输层安全（TLS）握手，用来保护网络数据。进行密钥交换协议时，双方互相发送信息。协议结束后，他们获得一个共享密钥，只有双方知道，其他人都不知道，包括所有的攻击者。然后可以通过对称加密算法，利用该密钥进行安全的数据交换，第 4.1.2 节中将讨论该内容。

密钥交换协议建立在某些代数问题难以求解的假设之上。在实践中广泛使用的一个问题叫作"椭圆曲线上的离散对数问题"。简单来说，使用经典方法时，长度为 n 比特的该问题可以在 n 的指数级时间内得到求解，更精确地说，是 $2^{n/2}$ 时间内。目前没有更好的经典算法（尽管还未得到证明）可以在更短的时间内解出该问题。在实践中，通常将密钥长度设置为 256，也就是说，针对密钥交换协议的经典攻击，其运行时间为 $2^{256/2} = 2^{128}$，与攻击 128 比特 AES-GCM 所需的时间相同。因此，密钥交换的安全性与对称加密的安全性是相当的。

量子计算机的影响：密钥交换协议中使用的非对称密码算法似乎极容易受到已有量子算法（特别是肖尔算法）的攻击。由于肖尔算法在求解离散对数问题和大数分解问题方面能够实现指数级加速，因此在量子计算机上使用该算法的攻击者可能会对目前实践中使用的所有密钥交换方法都造成影响。换句话说，基于 Diffie-Hellman 和 RSA 协议变体的密钥交换协议将会变得不安全。要想破译 RSA 1024，需要一台具有 2 300 个逻辑量子比特的量子计算机。即使逻辑量子比特会产生相关开销，算法也能在一天之内完成破译（见表 4.1）。由于这种潜在的危害十分严重，美国国家标准与技术研究所（NIST）于 2016 年开始选择能够抵抗量子攻击的算法来替代非对称密码算法，并将其标准化，预计这一过程将持续六到八年[1]。本章稍后将讨论当前部署使用的密钥交换系统的潜在替代加密算法。

表 4.1　在不同误码率和纠错码的条件假设下，当前加密系统
抵抗量子攻击的能力估计（记载于相关文献）

加密体系	类别	密钥长度	安全参数	有望实现破译的量子算法	逻辑量子比特数	物理量子比特数[a]	所需的破译时间[b]	抵抗量子攻击策略
AES-GCM[c]	对称加密 (Symmetric encryption)	128 192 256	128 192 256	格罗弗算法 (Grover's algorithm)	2 953 4 449 6 681	4.61×10^6 1.68×10^7 3.36×10^7	2.61×10^{12} a 1.97×10^{22} a 2.29×10^{32} a	
RSA[d]	非对称加密 (Asymmetric encryption)	1024 2048 4096	80 112 128	肖尔算法 (Shor's algorithm)	2 050 4 098 8 194	8.05×10^6 8.56×10^6 1.12×10^7	3.58 h 28.63 h 229 h	条件允许时，换成 NIST 选定的后量子密码
ECC 离散对数问题[e-g]	非对称加密 (Asymmetric encryption)	256 384 521	128 192 256	肖尔算法 (Shor's algorithm)	2 330 3 484 4 719	8.56×10^6 9.05×10^6 1.13×10^6	10.5 h 37.67 h 55 h	条件允许时，换成 NIST 选定的后量子密码
SHA256[h]	比特币挖矿 (Bitcoin mining)	N/A	72	格罗弗算法 (Grover's algorithm)	2 403	2.23×10^6	1.8×10^4 a	
PBKDF2 进行 10 000 次迭代[i]	密码散列 (Password hashing)	N/A	66	格罗弗算法 (Grover's algorithm)	2 403	2.23×10^6	2.3×10^7 a	停止使用基于密码的身份验证

a　这些都是粗略估计。所需的物理量子比特数量取决于一些条件假设，包括基本架构和误码率。表中所给出的计算值的条件假设包括：具有最近邻相互作用的二维（2D）量子比特、有效误码率为 10^{-5}，且使用了表面码。

b　这些都是粗略估计。除了与所需物理量子比特数量的估计相关的假设之外，还假设量子计算机的门工作频率为 5 MHz。

c　M. Grassl, B. Langenberg, M. Roetteler, and R. Steinwandt, 2015, "Applying Grover's Algorithm to AES：Quantum Resource Estimates," Proceedings of Post-Quantum Cryptography 2016, vol. 9606 of Lecture Notes in Computer Science, pp. 29-43, Springer; M. Mosca and V. Gheorghiu, 2018, "A Resource Estimation Framework for Quantum Attacks Against Cryptographic Functions," Global Risk Institute, http://globalriskinstitute. org/publications/resource-estimation-framework-quantum-attacks-cryptographic-functions/.

d　T. Häner, M. Roetteler, and K.M. Svore, 2017, "Factoring using 2n+2 qubits with Toffoli based modular multiplication," Quantum Information and Computation, 18(7and8)：673-684.; M. Mosca and V. Gheorghiu, 2018, "A Resource Estimation Framework for Quantum Attacks Against Cryptographic Functions," Global Risk Institute, http://globalriskinstitute. org/publications/resource-estimation-framework-quantum-attacks-cryptographic-functions/.

e　给出的值是 NIST P-256、NIST P-386 和 NIST P-521 曲线的结果。

f M. Roetteler, M. Naehrig, K.M. Svore, and K. Lauter, 2017, "Quantum Resource Estimates for Computing Elliptic Curve Discrete Logarithms," Advances in Cryptology — ASIACRYPT 2017, Lecture Notes in Computer Science 10625, Springer-Verlag, pp. 241–272

g M. Mosca and V. Gheorghiu, 2018, "A Resource Estimation Framework for Quantum Attacks Against Cryptographic Functions — Part 2 (RSA and ECC)," Global Risk Institute, https://globalriskinstitute. org/publications/resource-estimation-framework-quantum-attacks-cryptographic-functions-part-2-rsa-ecc/.

h M. Mosca and V. Gheorghiu, 2018, "A Resource Estimation Framework for Quantum Attacks Against Cryptographic Functions — Improvements," Global Risk Institute, https://globalriskinstitute.org.

i 密码散列的时间估计是基于 SHA256 的时间估计(如表的前一行所示),通常在密码散列算法 PBKDF2 中迭代使用。假设 SHA256 的 10 000 次迭代(在实际使用中很常见)所用的时间是单次迭代的 10 000 倍。使用经典算法时,一个周期的搜索空间是 2^{66},也就是说,使用格罗弗算法时的运行时间是 2^{33},即破译比特币使用的 SHA256 算法所需时间的八分之一。因此,将破译 SHA256 算法的时间乘以 10 000,再除以 8,可得到目前的估计时间:2.3×10^7 年。

注:这些估计都高度依赖于基本假设,且可能会在最终报告中更新。

4.1.2 对称加密

一旦爱丽丝和鲍勃生成了共享密钥后,他们就可以在对称加密中使用共享密钥,以保证他们的通信是保密的。一种广泛使用的加密方法是高级加密标准-伽罗瓦计数器模式(AES-GCM),美国国家标准与技术研究所(NIST)已将其标准化。在最简单的形式下,该加密方法基于一对加解密算法,即分别对信息进行加密和解密。加密算法以密钥和信息作为输入,通过非常精确的方式干扰信息比特,并输出加密后看起来像是随机比特的密文。解密算法以密钥和密文作为输入,利用密钥将密文解扰,并输出信息。由于 AES-GCM 的设计,对密文进行分析将无法获得任何有效信息。

AES-GCM 支持三种密钥长度:128 比特、192 比特以及 256 比特。假设攻击者伊芙截获了密文,想对其进行解密。此外,假设伊芙知道明文的前几个字符,这在网络协议中很常见,因为前几个字符是固定的消息头。如果 AES-GCM 使用的是 128 比特的密钥,那么伊芙可以通过穷举搜索来对所有 2^{128} 种可能的密钥进行遍历,直到找到密钥,能够使解密后信息的首字节与已知信息前缀相匹配。然后,伊芙可以使用该密钥对截获的剩余部分密文进行解密。对于 128 比特的密钥,这种攻击需要进行 2^{128} 次尝试,即使以每秒 10^{18} 次的速度(比一台超大型的定制 AES 计算机的运行速度还要快)进行遍历,也需要 10^{13}(10 万亿)年。因此,AES-GCM 通常使用的是 128 比特密钥。更长的密钥(192 比特和 256 比特)主要用于高安全性应用,如避免预处理攻击,或者 AES-GCM 算法中可能存在的未知弱点,这些会导致攻击者更快破译该算法。

量子计算机的影响：AES 非常适合使用格罗弗算法进行攻击,在前一章中我们已对此进行了讨论。该算法能够在 AES-GCM 的 128 比特密钥空间中找到密钥,所用的时间是 2^{128} 的平方根(即 2^{64})的倍数。在量子计算机上运行该算法需要大约 3 000 个逻辑量子比特以及非常长的退相干时间。

格罗弗算法有 2^{64} 个步骤,量子计算机实现 AES-GCM 的破译需要多长时间?今天很难回答这个问题,因为答案取决于量子计算机执行格罗弗算法的每个步骤所需的时间。格罗弗算法的每个步骤都需要分解成若干个能够可逆实现的基本运算。量子电路的实际构造可能会导致物理实现所需的量子比特数量和相干时间呈指数级增加。通过使用经典的硬件,我们可以建立一条专用电路,每秒能遍历 10^9 个密钥。假设量子计算机能以同样的速度运行,那么运行格罗弗算法的 2^{64} 个步骤大约需要 600 年。因此,如果要在一个月内破译出 128 比特的密钥,就需要大量的量子计算机。实际上,这还是一个过于乐观的估计,因为这种量子计算机需要逻辑量子比特,不仅会大幅增加所需的物理量子比特数量,而且如第 3.2 节所述,逻辑量子比特的运算需要大量物理量子比特的运算才能实现。对于非克利福德量子门来说,这种开销是很高的,在这类算法中也很常见。如表 4.1 所示,假设门的时间为 200 ns,且使用目前的纠错算法,那么一台量子计算机需要 10^{12} 年以上才能破译 AES-GCM。

即使一台计算机可以运行攻击 AES-GCM 的格罗弗算法,解决方法也很简单：将 AES-GCM 的密钥长度从 128 比特增加到 256 比特。用格罗弗算法对 256 比特密钥进行攻击是无法实现的,因为所需的步骤数与用经典算法攻击 128 比特密钥一样多。采用 256 比特密钥非常实用,且可以随时使用。因此,AES-GCM 可以很容易地抵御基于格罗弗算法的攻击。

然而,AES-GCM 的设计是为了抵抗已知的复杂经典攻击,如线性密码破译和差分密码破译。它的设计不是为了抵御复杂的量子攻击。更准确地说,可能存在一些目前未知的算法可对 AES-GEM 进行量子攻击,其算法效率远远高于格罗弗算法。这种攻击是否存在,目前还是一个开放的问题,该问题还有待进一步研究。如果这种复杂的量子攻击存在,即攻击速度比使用格罗弗算法进行穷举搜索更快,那么将 AES-GCM 密钥长度增加到 256 比特仍将无法实现后量子安全,因此需要设计新的算法来替代 AES-GCM。

4.1.3　证书与数字签名

数字签名是一种重要的加密机制,用于验证数据的完整性。在数字签名系统中,签名方有一个私有的签名密钥,签名验证方则有一个对应的公钥,这种加密也属于非对称加密。签名方使用其密钥对信息进行签名。任何人都可以使用对应的公钥来验证该签名。如果信息与签名是匹配的,那么基本上验证方有信心认为,信息是经签名者授权的。数字签名的使用十分广泛,以下是三个示例。

第一,通过数字证书在互联网上证明身份时需要数字签名。证书管理机构(CA)使用秘密签名密钥向个人或组织颁发身份证书。证书是一种将身份与加密密钥相绑定的声明,例如 nas.edu。任何人都可以对证书进行验证,但只有证书管理机构才能颁发证书,方法是使用秘密签名密钥来对证书进行数字签名。如果攻击者能伪造证书管理机构的签名,那么理论上他可以伪装成任何身份。

数字签名的第二种应用是在支付系统中,例如信用卡支付和加密货币(如比特币)。在这类系统中,付款人持有一个秘密签名密钥。付款时,付款人在交易明细上进行签名。任何人都可以对签名进行验证,包括收款人及所有相关金融机构。如果攻击者能伪造签名,那么他将可以有效消费他人的资金。

第三个例子是对软件真实性进行验证。在该例子中,软件供应商使用秘密签名密钥对其提供的软件和软件更新进行签名。每个客户端在安装软件之前都会对这些签名进行验证,后续进行软件更新时也是如此。这样可以确保客户端能够知道软件的出处,且不会安装被恶意第三方篡改、生成和分发的恶意软件。如果攻击者能伪造签名,那么他就可以将恶意软件分发给不知情的客户端,客户端将会认为该软件是可信的,从而安装该软件。

使用最广泛的两种签名算法是 RSA 和 ECDSA。粗略地说,一种算法是基于大整数分解的困难性,另一种算法与密钥交换一样,是基于离散对数问题。对两个算法系统的参数进行设置,使得最知名的经典攻击所需要的运行时间为 2^{128}。

量子计算机的影响: 如果攻击者有一台能够运行肖尔算法的量子计算机,那么他就可以伪造 RSA 和 ECDSA 签名。攻击者将能够颁发假证书,对恶意软件进行正确签名,且可能会消费他人的资金。这些攻击比伪造签名更严重。肖尔算法可以使攻击者获得私钥,有助于伪造签名,同时也会对密钥的所有其他用途的安全性构成威胁。幸运的是,目前有几种很好的替代签名方案,它们是后量子安全的,本章的最后将对其进行讨论。

4.1.4 密码散列函数与密码散列

本节讨论的最后一个加密术语是散列(也称哈希),我们可以利用散列来计算任意长度信息的短消息摘要。即使向散列函数中输入千兆字节的数据，输出的仍是较短的 256 比特散列值。我们希望散列函数具有许多理想特性。最简单的特性称为"单向性"或"抗冲突性"，也就是说，对于任意给定的输出散列值 T，很难找到其他的输入信息，能够生成相同的散列。

　　散列函数可用于许多场景，一个简单的例子是在密码管理系统中使用。验证用户密码的服务器通常将这些用户密码的单向散列存储在其数据库中。在这种情况下，如果攻击者窃取数据库的信息，他可能很难将明文密码恢复出来。目前最常用的散列函数是 SHA256。不管输入信息有多长，它的输出都是一个 256 比特的散列值。该散列函数是许多密码验证系统的基础。准确地说，实际上散列密码使用的散列函数的起源是 SHA256，采用的结构是 PBKDF2[2]。

　　量子计算机的影响： 产生 256 比特输出的散列函数估计不会受到量子计算的威胁。即使使用格罗弗算法，目前也基本上无法（深度为 2 400 个逻辑量子比特上的 2^{144} 个 T 门）破译 SHA256 这样的散列函数。然而，由于用户密码的长度不是很长，因此密码散列的风险会更高。所有 10 个字符的密码只有大约 2^{66} 种。可以使用一组经典计算机来对该空间进行全面搜索，但代价非常高昂。使用格罗弗算法的话，可以将运行时间降低至 2^{33}（约 100 亿）步，按照当前经典计算机的速度，只需几秒钟。然而，格罗弗算法的使用离不开量子纠错，这一点再次表明，在当前纠错算法（以及对误码率和结构的合理假设）下，尽管可以通过减少量子纠错的开销，从而缩短运行时间，但这种攻击所需的时间仍然太长，超过 10^7 年，因此并不实用。

　　如果将量子纠错进行改进，使得格罗弗算法能够对加密系统构成威胁，那么就该停止使用密码认证。研究人员已开发出其他认证方法，不依赖于密码或其他需要以散列形式存储的静态值，目前已在一些应用中使用。这些认证方法包括生物认证、一次一密、设备识别等。量子计算机的发展可能会进一步推动这类系统的部署使用。另一种防御措施是使用安全硬件来强化密码管理系统[3]，目前各大主要网站都已采用了该方法。

　　散列函数的另一个流行应用叫作工作量证明，在许多加密货币中都有使用，如比特币和以太币。根据"矿工"求解特定计算难题的情况，每隔 10 min 对比特币交易的区块进行验证，加密货币系统会支付给第一个求解出问题的"矿工"。格罗弗算法十分适合用于求解比特币的难题。然而，如表 4.1 中倒数第二行所示，如果使用物理量子比特来实现格罗弗算法，从而解决工作量证明难题，目前估计其开销可能远不止 10 min,因此这种攻击不会对当前比特币生态系统构成威胁。如果算法所需的开销能够大幅降低,那么当制造出容错量子计算机时,可能会有一些风险。因此,比特币也将需要使用后量子安全的数字签名系统,以防止比特币被盗。

4.2　数值估计

要理解密码工具的脆弱性,一个关键的问题是:破译该密码需要什么级别的量子计算机? 这个问题的答案会随量子算法的使用细节的不同而变化。尽管如此,表 4.1 列出了在给定密钥长度下破译各种协议所需量子比特数的粗略近似值。该表还估计了在使用量子纠错表面码以及表面码测量周期时间为 200 ns 的情况下,需要的物理量子比特数(假设有效误码率为 10^{-5})和算法所需的运行时间。这些关于门保真度和门速度的假设远远超出了 2018 年多量子比特系统所能达到的性能。该表清晰地表明,复杂量子计算机能够构成的主要威胁是密钥交换和数字签名。虽然这些数字反映了当前的研究状况,但委员会认为有必要提醒读者,这些评估是基于目前已知的量子算法,以及关于量子计算机结构和误码率的隐性假设。这两个领域取得的进展都可能改变破译时间的数量级。如果物理门的误码率能达到 10^{-6}(例如,通过拓扑量子比特),且其他假设保持不变,那么破译 RSA-4096 所需的物理量子比特数将下降至 6.7×10^6,破译时间将下降至 190 h。类似地,如果达不到这些假设,那么将可能无法实现这些算法,或者可能会付出更大的代价。例如,如果物理门的误码率仅能达到 10^{-4},那么,破译 RSA-4096 所需的物理量子比特数将增加至 1.58×10^8,所需破译时间将增加至 280 h[4]。未来也可能会(或已经)开发出新的算法,这些算法具有不同的攻击手段。未来的经典攻击同样也存在这种可能性。

4.3　后量子密码

密码学研究界一直在努力开发替代算法,以便在面临持有大型量子计算机的攻击者时能够保证安全。标准化完成后,这些替换算法将在现有的经典计算机上执行。算法的安全性是基于一些数学问题,这些问题连大型量子计算机都难以求解。目前美国国家标准与技术研究所(NIST)正在对这些算法进行评估,因此,即使大型量子计算机广泛出现之后，也有望保证安全。与所有加密算法一样，这些问题的难度无法得到证明，需要随着时间的推移而不断进行评估，以确保新的攻击算法不会对密码构成威胁。

4.3.1　对称加密与散列

仅仅需要增加密钥长度或输出散列长度，就可以获得符合后量子安全的对称加密与散列函数。目前的解决方案十分可靠，面临的主要挑战是，如何通过进一步的研究来识别可能的量子攻击，以保证标准化方案（如 256 比特 AES-GCM 和 SHA256）确实是安全的，能够抵抗持有量子计算机的攻击者。

如果无法增加散列数据的长度，或者即使增加长度，散列数据的熵也不会增加很多（如加密系统），那么在量子计算机的世界中，将很难保证其安全。如果量子计算机每秒的逻辑运算速度与当前经典计算机一样快，那么利用格罗弗算法，量子计算机能在几秒钟内破译出长度为 10 个字符的密码。即使有大量误码需要纠错，会使实践中的这种攻击慢得多，但如果能将算法的开销降低，密码仍将会面临巨大风险。如前文所述，防范此类威胁需要停止使用密码验证，或者使用基于硬件的密码强化方案。

4.3.2　密钥交换与签名

目前最大的挑战是后量子密钥交换和后量子数字签名。为了抵抗量子攻击，需要放弃现有方案（如 RSA 和 ECDSA），设计新的系统。美国国家标准与技术研究所（NIST）已启动一个后量子密码项目来推动这一进程，寻找有关新加密算法的建议[5]。在 2017 年 11 月结束的第一轮提交中，NIST 收到了 70 多份建议。该项目计划于 2022—2024 年结束，其选中的组织将成为更广泛标准化的领跑者，如互联网工程任务工作组（IETF）、国际标准化组织（ISO）以及国际电信联盟（ITU）。NIST 项目结束后甚至更早，互联网系统可能会开始采用后量子密码技术。框注 4.1 至框注 4.4 给出了一些备选的后量子密钥交换和签名系统的简要描述，并对其中部分系统的一些早期实验进行了说明。

 框注 4.1 ....

后量子密码：晶格系统

"晶格"是空间中的离散点集，其性质是晶格上两个点之和也在晶格上。

晶格的概念是在数学和物理的一些分支中自然出现的。关于晶格最著名的一个计算问题是在给定的晶格中找到"短"向量。现有的经典算法需要的时间都是晶格维数的指数级,有证据表明,量子计算机上求解该问题也需要指数级时间。过去的二十年来,在最短向量问题(SVP)难以求解的前提假设下,密码学家们构造了许多安全的加密系统,特别是基于最短向量问题的密钥交换和签名算法。如果最短向量问题确实难以在量子计算机上求解,那么这些系统应该是后量子安全的。

为了对基于晶格的系统进行实验,密码学家们开发出了几种具体方案,例如:新希望(New-Hope)和佛罗多(Frodo)。谷歌近期正进行实验,在 Chrome 浏览器中部署使用新希望系统。他们的报告显示,对于 95% 的 Chrome 浏览器用户来说,每次密钥交换增加的系统时间不到 20 ms。虽然人们不希望产生这种额外的延迟,但实验表明,基于晶格系统的后量子密钥交换的部署使用不存在明显的障碍。

 框注 4.2

后量子密码:基于编码的系统

编码理论是一门关于设计编码方案的科学,能使通信双方在有噪声的信道上进行通信。发送方对信息进行编码,即使信道在信息中添加了有界噪声,接收方也可以进行解码。多年来存在一种明显的现象,即一些编码方案很难进行有效解码。实际上,对于某些编码方案来说,最佳解码算法在经典计算机上的运行时间为指数级。此外,解码问题似乎很困难,即便对量子计算机来说也是如此。在假设相关明文的解码十分困难的前提下,密码学家可以利用这个难题来构造安全的加密系统。一种研究最充分的系统叫作 McEliece 加密系统,可以用于后量子密钥交换。近期出现了该系统的实用变体,如 CAKE 系统。

 框注 4.3

后量子密码:超奇异椭圆曲线同源加密

谷歌基于晶格的密钥交换的新希望实验表明,造成 20 ms 延迟的主要原因是密钥交换协议生成的额外数据。基于这一观察,近期一种后量子密钥交换产生的数据通信量远远少于其他的后量子密码,但通信双方都需要更多的计算时间。由于额外通信数据是造成延迟的主要原因,因此在现实的互联网环境中,这款后量子密码的性能可能会优于其他后量子密码。它的密钥交换机制是基于巧妙的数学工具,该工具原本是用于椭圆曲线的研究。目前还没有出现针对该量子系统的攻击,它基于的是一个计算问题,研究人员近期开始对其量子破译难度进行探索。需要通过更多的研究,才能使人们对该量子密码的后量子安全性产生信心。

框注 4.4

后量子密码:基于散列的签名

20 世纪 80 年代开始出现了后量子安全的数字签名,这些系统都是基于标准的散列函数。当使用安全的散列函数时,这些签名系统的后量子安全性是毋庸置疑的。这些方案的缺点是它们生成的签名相对较长,因此只能在某些条件下使用。例如,对软件安装包或软件更新进行签名。由于软件安装包通常很大,因此签名的长度没有什么影响。出于对这些系统的后量子安全性的高度信任,软件供应商将从 RSA 和椭圆曲线数字签名算法(ECDSA)迁移至基于散列的软件签名。目前已有一些具体的标准化建议和草案,例如 Leighton-Micali 签名方案(LMSS)。

发现:肖尔算法具有破解已有密码算法的潜力,这也是早期量子计算研究的主要驱动力。如果存在能够抵抗量子计算机攻击的加密算法,将会降低量子计算机破译密码的有效性,从长远来看,也会降低量子计算的研发力度。

4.4　实际使用的挑战

我们需要记住的是,在持有大型纠错量子计算机的攻击者面前,今天的互联网加密数据不堪一击。一旦大型量子计算机问世,现今记录和存储的所有加密数据都将被破解。

发现:在建造出这种量子计算机之前,后量子密码就已经引发了强烈的商业兴趣。公司和政府无法承担未来通信被破解所造成的损失,即使这个未来是 30

年后。出于这个原因,有必要尽快开始向后量子密码迁移。

从现实角度来说,完成向互联网后量子密码的迁移将是一个漫长而困难的过程。部分计算机系统仍将长期运行。例如,今天销售的车载电脑系统在 15 年甚至 20 年后将仍然存在。只有当大多数的互联网系统都进行了更新、支持新算法时,人们才会停止使用无法抵御量子攻击的算法。一旦谷歌这样的大型网站停止使用某种算法,那么支持该算法的旧设备就将无法连接到谷歌。举个例子,停止使用 SHA1 散列函数,将其转换为 SHA256,这是一个长期的过程。自 2004 年以来,人们就认为 SHA1 函数是不安全的。然而,需要很多年才能将其停止使用。直到 2018 年,这一过程仍然没有完成,一些较老的浏览器和服务器仍然不支持 SHA256。

从 SHA1 到 SHA256 的迁移转换为后量子加密的转换所需的流程步骤提供了参考。首先,需要制定和批准用于密钥交换和签名的后量子密码的算法标准。作为官方标准被采用之后,新的标准算法需要在各种计算机语言、流行编程库以及硬件加密芯片和模块中加以实现。然后,新的标准算法需要纳入加密格式和协议标准,如 PKCS♯1、TLS 以及 IPSEC。这些修订的格式和协议标准需要经过各自的标准委员会审查通过。接着,供应商需要在硬件和软件的更新中实施新标准。从那以后,大多数互联网系统需要经过很多年才能升级到支持新标准。在新标准得到广泛使用之前,难以禁用无法抵抗量子攻击的算法。系统完成升级后,需要对公司和政府数据库中的敏感数据重新进行加密,且要销毁用老的标准加密的文件副本。一些机构仅仅通过删除加密密钥来代替文件销毁,在这种情况下将仍然无法抵御量子计算机的攻击。脆弱的公钥证书需要重新生成和分发,所有需要经过官方来源认证的文档都要重新签名。最后,需要更新所有软件代码的签名和验证流程,且新的软件代码需要重新进行签名和分发。这一流程也许无法在 20 年内完成,但越早开始,就越早结束[6]。

由于可扩展通用量子计算机的发明将导致当今所有公钥密码算法完全、同时、瞬时、全球范围地失效,因此在第一台量子计算机问世之前,就需要设计、标准化、实现、部署使用能够抵抗量子攻击的加密算法。实际上,能够抵抗量子攻击的基础设施也需要在量子计算机问世之前准备就绪,因为加密(或签名)数据都需要保护很长时间。

例如,一家公司有一份 10Q 文件。在发布之前,该财务文件里的信息都是敏感的。在信息公开前,提前获得 10Q 文件的人可以知道公司的财务状况,他们能够利用这些信息,通过内幕交易获利(因为一旦 10Q 信息公开,股价就会发生变化,提前知道该信息的人可以对股价变化的幅度和方向进行预测,相应地进行股票买卖)。一份 10Q 文件的保密期不会超过 3 个月,3 个月后即可进行归档发布,信息将不再敏感,也就不再需要保密。因此,10Q 文件所需的保护周期为 3 个月。

现在,我们考虑政府机密文件的情况。根据相关规定,文件内容至少在 50 年内都不得公开。因此,文件需要使用加密方案进行加密,该方案至少能够保证 50 年的安全性。此时,所需的保护周期为 50 年。

应当何时建立能够抵抗量子攻击的加密基础设施,需要通过三方面的信息来确定:

(1) 当前的加密基础设施会在什么时候失效?(也就是说,具有足够复杂度的、使用肖尔算法或格罗弗算法的量子计算机何时能够问世?)

(2) 新的抵抗量子攻击的基础设施,其设计、构建以及部署使用需要多长时间?

(3) 最长保护周期是多久?

如果这三方面的信息确定下来,就可以使用如图 4.1 和图 4.2 所示的简单公式来计算所需的时间,其中:

- X 是"安全保护周期"(假设从今天开始进行数据保护,我们所需要的最长保护周期)。

- Y 是"迁移时间"(设计、构建以及部署使用新基础设施所需的时间)。

- Z 是"攻陷时间"(从今天开始计算,大型量子计算机问世所需的时间)。

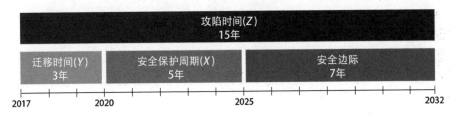

图 4.1　安全迁移至后量子密码的 Mosca 模型示例,以及假设的时间段

资料来源: M. Mosca, 2015,《量子计算机时代的网络安全:我们准备好了吗?》, IACR Cryptology ePrint Archive2015:1075.

图 4.1 中的示例假设量子计算机在 15 年内都不存在,抵抗量子攻击的基础设施的设计、构建以及部署使用只需 3 年,最长的安全保护周期只有 5 年。在这种乐观的情况下,将会有 7 年的安全边际,也就是说,公钥密码基础设施的替换工作的起始时间可以晚几年。

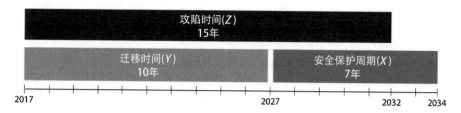

图 4.2 密码迁移的 Mosca 模型示例，图中的时间段过长，无法达到协议所需的安全级别

资料来源：M.Mosca，2015，《量子计算机时代的网络安全：我们准备好了吗？》，IACR Cryptology ePrint Archive2015：1075.

另一种不太乐观的估计是将迁移时间设置为 10 年（即在 7 年内完成 NIST 计划的标准化工作，加上不超过 3 年的实施和部署使用时间），安全保护周期设置为 7 年（常见的法律所要求的各类业务记录的保留时间周期）。如图 4.2 所示，在这种相对悲观的情况下，将不再存在安全边际。如果一台大型量子计算机将在 15 年后问世，那么，即使从今天就开始开展公钥密码基础设施的替换工作，将仍然存在 3 年的空窗期，其间敏感数据面临泄露的风险，缺乏有效的保护技术。

现实的情况则更为悲观。如前一节所述，根据 NIST 当前的时间表，将需要在 2022—2024 年选定整套量子安全加密算法。过去替换数据加密标准（DES）对称加密系统和各种散列函数（SHA-1，MD5）的经验表明，替换已广泛部署使用的加密算法所需的最短时间大约是在新算法的设计和标准化都完成的 10 年后，包括旧算法的最终退出。假设安全保护周期和上一个例子一样是 7 年，如果 NIST 完成算法的选定这一过程后就立即开始替换目前的密码库和基于该密码的应用，那么制造出能够破译 RSA 2048 的量子计算机的安全时间最早约为 2040 年。也就是说，如果在未来 25 年内的任意时间制造出一台具有 2 500 个逻辑量子比特的容错量子计算机，那么即使我们今天就开始研究，并持续努力 25 年，可能仍然会有一些数据受到攻击。

这些在很大程度上取决于这种量子计算机的问世时间。接下来的两章将对大型、容错量子计算机的制造工作现状进行更深入的分析。第 5 章描述的是制造量子计算硬件和控制系统的进展，第 6 章对在成熟设备上实现算法所需的软件和体系结构进行了研究，包括经典的协同处理。

4.5 参考文献

［１］National Institute of Standards and Technology，2018，"Post-Quantum Cryptography：

Workshops and Timeline," last updated May 29，2018，https：//csrc. nist. gov/projects/post-quantum-cryptography/workshops-and-timeline.

［2］D. Martin，2015，"Real World Crypto 2015：Password Hashing According to Facebook,"Bristol Cryptography Blog，http：//bristolcrypto. blogspot. com/2015/01/password-hashing-according-to-facebook.html.

［3］同上.

［4］V. Gheorghiu and M. Mosca，in preparation.

［5］National Institute of Standards and Technology，2018，"Post-Quantum Cryptography,"last modified May 29，2018，http：//csrc.nist.gov/groups/ST/post-quantum-crypto/.

［6］For additional discussion of the process and challenges associated with transitioning between cryptosystems，see National Academies of Sciences，Engineering，and Medicine，2017，Cryptographic Agility and Interoperability：Proceedings of a Workshop，The National Academies Press，Washington，DC，https：//doi.org/10.17226/24636.

第 5 章　量子计算机的基本硬件

前面几章对量子计算的潜力进行了介绍，本章的重点是硬件，第 6 章探讨的是在实践中实现这些计算过程和能力所需的软件。量子硬件是一个活跃的研究领域。全世界有 100 多个学术团队和政府下属的实验室正在研究如何设计、制造和控制量子比特系统，许多知名公司和初创公司目前正致力于将利用超导和囚禁离子量子比特制造的量子计算机商业化。

尽管大众媒体的报道比较关注量子比特的发展和当前典型量子计算芯片中量子比特的数量，但所有的量子计算机都需要一种集成的硬件方法，用重要的传统硬件来实现量子比特的控制、编程和读取。下一节将按照功能来划分硬件，即每台量子计算机包含四个硬件层，并描述经典计算资源和量子计算资源之间的关系。

发现：虽然在小型量子计算机的开发方面已取得了很大的进展，但是目前尚未证实量子计算机的设计可否扩展至破译当前密码所需的规模，也无法通过对当前任何小型量子计算机的直接扩展来实现。

因此，目前领先的量子技术是否会用于制造这类计算机，我们尚不清楚。为了比较不同方法的性能和面临的挑战，本章介绍了目前用于创建早期系统的量子技术，即囚禁离子和超导量子比特及其规模问题，同时也重点介绍了其他的量子比特技术，这些技术目前不够先进但依然具有潜力。

5.1　量子计算机的硬件结构

由于量子计算机最终需要与用户、数据以及网络进行连接，这是经典计算所擅长的任务，因此量子计算机可以利用经典计算机来完成这些任务，从而保持最高效率。此外，量子比特系统需要精心控制，从而以有用的方式运行，这种控制可以使用普通计算机来管理。

为了将基于模拟或门的量子计算机所需的硬件组件原理化,把硬件建模为四个抽象层:"量子数据层"代表量子比特所处的位置;"控制和测量层"根据需要对量子比特进行运算和测量;"控制处理器层"确定算法所需的运算和测量序列,利用测量的结果来进行后续量子运算;"主处理器"是处理网络、大型存储阵列以及用户接口相关的经典计算机。该主处理器使用传统的运算系统/用户接口,有助于用户交互,且与控制处理器保持高带宽连接。

5.1.1　量子数据层

量子数据层是量子计算机的"核心",包括物理量子比特以及维持物理量子比特的结构。量子数据层还包含测量量子态和基于门系统的物理量子比特执行门运算或控制模拟计算机的哈密顿量所需的所有支持电路。对到达选定量子比特的控制信号进行哈密顿量的设置,从而控制数字量子计算机的门运算。对于基于门的系统,由于一些量子比特运算需要 2 个量子比特,因此量子数据层需要具有一个可编程的"接线"网络,使得两个或更多量子比特能够相互作用。通常模拟系统量子比特之间的通信更频繁,需要得到该层的支持。如第 2 章所述,要实现量子比特的高保真度,需要将量子比特与环境隔离,这又会对连接度造成限制。每个量子比特可能不会与其他量子比特进行直接交互,因此计算会受到该层体系结构的限制。这些限制意味着,运算的保真度和连接度都是量子数据层的重要标准。

在经典计算机中,控制层和数据层组件使用相同的硅技术并集成在同一个设备上。而量子数据层的控制所需的技术与量子比特不同,且在外部由单独的控制和测量层来完成(描述见下文)。量子比特的控制信息在本质上是模拟的,需要发送至正确的量子比特。在一些系统中,这种控制信息通过导线进行电子传输,因此这些导线是量子数据层的一部分。而在其他系统中,控制信息通过光学或微波辐射进行传输。传输的实现方式比较独特,它只会对特定量子比特造成影响,而不会干扰系统中的其他量子比特。随着量子比特数量的增加,这一点变得越来越困难。因此,单个模块中的量子比特数量是量子数据层的另一项重要参数。

发现:量子数据层质量的重要属性包括:单量子比特和双量子比特门的误码率、量子比特间的连接度、量子比特相干时间以及单个模块中所能包含的量子比特数量。

5.1.2　控制和测量层

控制和测量层将控制处理器的数字信号（表示后续需要执行的量子运算）转换为对量子数据层中的量子比特执行运算所需的模拟控制信号。控制和测量层还将数据层中量子比特测量的模拟输出转换为控制处理器能够处理的经典二进制数据。由于量子门的模拟特性，控制信号的生成和传输比较困难。控制信号中的少量误码，以及量子比特物理设计中的问题，都会影响运算的结果。随着机器的运行，每个门运算的相关误码会累加。

信号隔离时的任何问题（信号串扰）都会导致运算过程中原本不参与运算的量子比特出现微小的控制信号，从而造成量子态中的误码。控制信号的保护相当复杂，因为需要通过设备来进行传输，该设备要利用真空、冷却技术，将量子数据层与其环境隔离开来。这一需求限制了隔离方法的类型。

幸运的是，生成量子比特的误码和信号串扰误码都是系统性的，系统的机械结构使得误码的变化十分缓慢。通过控制脉冲波形，能够降低这些因素对量子比特的影响（见第 3.2.1 节），通过周期性的系统校准，可以将这种缓慢变化误码的影响降至最低。系统校准是指通过测量误码的机制和调整控制信号的软件使这些误码降为零。由于每个控制信号都可能与其他控制信号相互作用，因此实现这种校准所需的用于测量和计算的量子比特数量比系统中量子比特数量的两倍还要多。

量子计算机控制信号的性质取决于基本的量子比特技术。例如，使用囚禁离子量子比特的系统通常依赖微波或光信号（电磁辐射的形式），这些信号通过自由空间或波导传输至量子比特所在的位置。超导量子比特系统是利用微波和低频电信号来控制的，这两种电信号都通过进入冷却设备（包括"稀释冰箱"和"低温恒温器"）的导线进行传输，抵达受控环境中的量子比特。

与具有抗噪性、误码率可以忽略的经典门不同，量子运算依赖于控制信号的传输精度，且误码率无法忽略。要获得这种精度，目前需要通过传统技术来制造复杂的生成器。

由于量子门无法比实现它的控制脉冲更快，因此即使理论上量子系统可以超快速运行，但门速度也会受到结构和精确控制脉冲所需传输时间的限制。幸运的是，如今硅技术的速度非常快，门速度受到量子数据层的限制，而非控制和测量层的限制。目前超导量子比特的门速度是数十到数百纳秒，囚禁离子量子比特的门

速度则是 $100\,\mu s$ 以内。

发现：量子计算机的速度永远无法比生成执行量子运算所需的精确控制信号的速度更快。

5.1.3　控制处理器层和主处理器

控制处理器层识别并触发进行量子门运算与测量的正确哈密顿量或序列（随后由量子数据层上的控制和测量层执行）。这些序列执行的是主处理器提供的程序，从而实现量子算法。如第 6 章所述，程序需要通过软件工具栈来实现量子层的特定功能。

控制处理器层最重要以及最具挑战的任务是运行量子纠错算法（如果量子计算机具备纠错功能）。通过大量的经典信息处理，利用量子运算的测量结果来纠正误码。然而，这种处理所需的时间可能会降低量子计算机的速度。如果纠错运算可以在量子运算和测量所需的时间内完成，则能够将该开销最小化。由于该计算任务会随着量子计算机的规模而增加（函数的输入和输出数量与量子比特的数量成正比，复杂度与纠错码的"距离"成正比），因此控制处理器层可能包含多个相互连接的处理单元，以满足计算需要。

大型量子计算机控制处理器层的制造是一项具有挑战性的工作，也是一个活跃的研究领域。一种方法将该层分成两个部分。第一部分仅是一个经典处理器，用于"运行"量子程序。第二部分是一个可扩展的定制硬件模块，直接与控制和测量层相连，并将主控制器输出的更高级别"指令"与测量的结果结合起来，计算量子比特需要执行的下一步运算。困难在于如何制造速度足够快且与量子计算机的规模成比例的可扩展定制硬件，以及如何生成正确的高级指令抽象。

控制处理器层以较低的抽象级别运行，它将编译好的代码转换为控制和测量层的指令。因此，用户不需要直接与控制处理器层交互，而是与主机进行交互。该层连接到这台计算机，可以为某些应用执行加速。今天的计算机广泛采用了这种类型的体系结构，如图形、机器学习、网络等，都有"加速器"。通常，这类加速器与主处理器之间具有高带宽连接，通过共享来访问主处理器的部分内存，用于传输控制处理器运行的程序和运行过程中用到的数据。

主处理器是一台经典计算机，运行普通的操作系统，并为自身的运算提供标准的支持库。该计算系统具备用户所需的全部软件开发工具和服务。通过运行必要的软件开发工具来生成控制处理器上运行的应用，这些应用与控制经典计算机的应用不同，还能提供量子应用运行时所需的存储和网络服务。将量子处理器与经典计算机相连接，就可以利用经典计算机的所有特性，而不需要完全重新开始。

5.1.4 量子比特技术

自从1994年肖尔算法问世后，研究人员一直在寻找一种合适的物理系统来实现量子逻辑运算。本章对当前构成量子计算机基础的量子比特技术进行了回顾。对于两种最先进的量子技术——超导量子比特与囚禁离子量子比特，本章讨论的内容包括：截至本报告发表时（2018年），原型计算机中使用的量子比特和控制层的细节，以及每项技术当前需要克服的挑战，并对扩展至超大型量子计算机的长期前景进行了评估。通过对其他新兴技术的回顾，我们可以了解技术现状和进一步发展所能带来的潜在优势。

5.2 囚禁离子量子比特

1995年研究人员使用囚禁原子离子实现了第一个量子逻辑门[1]，采用的是同年早些时候提出的理论方法[2]。自从首次实现以来，量子比特控制技术已经取得了进步，可以在小型、可用量子计算机上实现许多简单的量子算法。

尽管在小型量子计算机上取得了成功，但通过囚禁离子来构建可扩展量子计算机的任务仍然是一项艰巨的挑战。与集成电路（IC）的晶体管超大规模集成（VLSI）不同的是，用囚禁离子量子比特来制造量子计算机需要用到很多跨领域的技术，包括真空、激光与光学系统、射频（RF）与微波技术，以及相干电子控制器[3-5]。制造一台可行的量子计算机需要解决的挑战是如何将这些技术进行有效集成。

囚禁离子量子数据层包括：作为量子比特的离子以及将离子保持在特定位置的离子阱。控制和测量层包括：非常精确的激光（或微波）源，它可以指向某个特定的离子，从而影响其量子态。另一个激光将离子"冷却"，从而能够进行测量。还有一组光子探测器，通过检测其散射的光子来"测量"离子的状态。附录B就当前构建囚禁离子量子数据层及其相关控制和测量层的方法进行了技术概述。

5.2.1 目前的囚禁离子量子"计算机"

基于目前已实现的高保真度运算，研究人员创建了小型的离子阱系统，可以通过可编程的方式在 5～20 量子比特的系统上实现通用的量子逻辑运算[6-9]，构成了通用量子计算机的基础。毫不奇怪的是，在这些 5～20 量子比特的实用系统中，存在 2％～5％的双量子比特门，其单量子逻辑运算的误码率高于最新的双量子比特系统的误码率（10^{-2} 到 10^{-3}）[10-11]，这表明，要保持整个系统中的所有量子比特的高保真度，其难度与量子比特数量成正比。尽管如此，这些原型系统的用途广泛，可以在上面实现各种量子算法和任务。在完全可编程的小型（3～7 量子比特）囚禁离子系统上，已经实现了格罗弗搜索算法[12-13]、肖尔因子分解算法[14]、量子傅里叶变换[15-16]等。

迄今为止，所有的通用囚禁离子量子计算机的原型系统都包含了一个势阱中的 5～20 个静态离子链。在这些量子计算机中，单量子比特的每次门运算需要 0.1～5 μs，多量子比特的门运算需要 50～3 000 μs，取决于所使用的门的性质。在紧密的势阱中，由于离子间的自由运动会产生强烈库仑作用，链中的每个离子都与链中的其他离子相互作用。可以利用这种相互作用来实现非相邻离子间的量子逻辑门，形成单个离子链中量子比特的高连接度。一种方法是将全局纠缠门应用于链中的所有量子比特，通过改变部分量子比特的内部状态来将其"隐藏"起来，使它们对运动不敏感[17-18]。另一种方法是将紧密集中和精心定制的控制信号作用于特定离子，从而能够在链中任意一对离子之间引入双量子比特门，通过这种方法，可以仅让所需的离子进行运动，即通过大量控制信号来消除所有其他离子间的力[19]。这两种方法都可以实现具有全连接量子比特的通用量子计算机[20]，也就是说，能在系统中任意一对量子比特之间实现双量子比特门[21]。预计能够以相对简单的方式将这种量子计算机扩展至 50 个比特以上[22]。

5.2.2　可扩展离子阱量子计算机的挑战与机遇

一些早期的、基于离子阱的小型量子计算机（20～100 量子比特）可能会在 21 世纪 20 年代初问世。与当前量子计算机一样，这些早期实现的系统可能包含单个离子链，且链中的任意 2 个量子比特都可以进行连接，能够有效地实现任意电路结构的量子电路。然而，在真正可扩展、容错的离子阱量子计算机的制造方面，仍然面临许多原理和技术上的挑战。例如：链的长度增加时将难以隔离单个离子的运动，人们使用门激光束所能处理的离子数量，以及单个量子比特的测量。可以进一步增加囚禁离子量子计算机的量子比特数量，使其远远超过实现量子优越性所需的数量。这种实用量子算法的实现，需要的方法与单离子链的方法不同。

第一种方法是在一个芯片中囚禁多个离子链,具有分离、移动及"穿梭"功能,能将单个或多个离子从一个链聚合到另一个链[23]。这种穿梭需要具有多个可控电极的复杂势阱。由于量子信息是存储在离子的内部状态中,一些小型实验表明,这些状态不会受到链间穿梭的影响,因此该方法没有检测到任何退相干[24]。近期所采用的半导体微加工技术可以用于设计和制造高度复杂的离子阱,目前这些技术通常用于复杂的穿梭过程。这项技术具有连接单个芯片上的多个离子链的潜力,从而能够增加量子比特的数量(假设可以将控制这些量子比特所需的控制器进行集成)。即使这种离子穿梭能够在一个芯片上成功实现,最终系统也需要进一步扩展。目前研究人员正在探索两种方法:光子互连与芯片拼接。

如何将多个量子比特子系统连接为更大的系统,一种方法是使用量子通信信道。该思路是可行的:在子系统中制备一个特定激发态的离子,使其发射出一个光子,光子的量子态(例如,偏振或频率)与离子量子比特发生纠缠[25-26]。两个子系统中采用相同的设置,每个离子生成一个光子,这两个光子在 50/50 分束器上发生干涉,且能在分束器的输出端检测到干涉。当两个输出端同时记录检测到光子时[27],系统发出信号,表示用于生成光子的两个离子已经制备好,且处于最大纠缠态[28-29]。该协议能使一对离子量子比特在两个芯片上发生纠缠,而不需要离子量子比特间的直接相互作用。尽管需要多次尝试,该协议才能成功,但一旦成功执行,则可以得到一个确定的标记(两个探测器都检测到光子),且能在后续计算任务中使用,例如,在不同芯片上执行双量子比特门[30]。该协议首先在囚禁离子上得到了实现[31],随后是其他物理平台[32-34]。在早期实验中,由于采集和检测发射出的光子的效率不高(每隔 1 000 s 成功一次),因此在不同芯片上产生纠缠对的成功率很低,但近几年来,成功率有了显著的提高(每隔 200 ms 成功一次)[35]。由于该技术的不断改进,或许跨子系统的双量子比特门可以达到单链中的双量子比特门的时间标准(每隔 100 μs 成功一次)[36],因此,利用光子网络来连接离子阱芯片是一个可行的方法。这种方法为现有光子的网络技术开辟了新路径,例如,使用大型光学交叉连接开关[37],将上百个离子阱子系统连接到并行量子计算机的模块化网络[38-40]。

另一种扩展单离子阱芯片的方法是拼接所有的电子阱子系统,形成一个系统,离子可以从一个离子阱芯片移动到另一个芯片[41]。这种在不同集成电路之间的穿梭需要精心调整穿梭通道,且需要对这些集成电路的边界进行特殊处理,这一点尚未得到实现。在该方案中,所有的量子比特门都是通过微波场和磁场的变化来实现的,因此与使用激光束相关的非共振自发散射和稳定性的问题将不存在[42]。虽然目前这种集成方法仍然只是一种推测,但该方法的益处在于,只需要依靠成熟的微波技术和关键量子逻辑门的电子控制,而无须使用组件精度要求更高的激光和光学器件。

对于囚禁离子来说,向可扩展量子计算机系统发展所必需的技术包括:制造具有更强功能的离子阱,具有能够控制的稳定激光系统,以足够高的精度将驱动量子门(微波或光学)的电磁场传递给离子,且仅影响目标量子比特(最好允许一次进行多个运算),在不干扰数据量子比特的情况下对量子态进行并行检测,以及对控制离子量子比特的电磁场进行编程,使得整个系统实现足够高的保真度,满足实际应用的需要。如果解决了这些困难,人们就能发挥囚禁离子的优势。由于囚禁离子量子比特的本质都是相同的,因此在表示单个量子比特时,物理系统能够获得最佳性能。此外,在小型实验规模下,量子比特运算可以实现高保真度。

5.3　超导量子比特

与目前的硅集成电路类似,超导量子比特是光刻电子电路。将其冷却至毫开尔文温度,超导量子比特会表现出量子化能级(由于电子电荷或磁通量的量子态),因此有时将其称为"人造原子"[43]。它们能够与微波控制电子设备兼容,能够在纳秒级时间下使用,相干时间正不断改进,且光刻具有扩展的潜力,所有的这些优点使得超导量子比特处于数字量子计算和量子退火领域的量子比特形态前沿。附录 C 就当前超导体量子数据层及其相关控制和测量层的构建方法进行了技术概述。

5.3.1　目前的超导量子"计算机"

在进行数字量子计算和量子模拟时,目前单量子比特门[44-46]和双量子比特门[47]运算的门误码率优于(低于)0.1％,比最宽松的误码检测协议(例如表面码)的误码阈值还低。在这些进展的基础上,研究人员设计了 10 量子比特左右的超导量子比特电路,用于实现原型量子算法[48-49]和量子模拟[50-51]、原型量子误码检测[52-55],以及量子存储器[56]。截至 2018 年,全世界的用户都能使用基于云的 5、16、20 量子比特电路。然而,这些更大型的量子计算机的误码率会更高。例如,

2018 年网络上可用的 5 量子比特计算机的门误码率约为 5 %[57-58]。

量子退火方面，一些商用系统的量子比特数量超过 2 000，集成了基于经典超导电路的低温控制[59-60]。它们是目前可用的最大型的基于量子比特的系统，量子比特数量比当前基于门的量子计算机多出两个数量级（100 倍）。这台大型量子计算机的实现，需要精细的设计和巨大的工程量。通过将控制电子与量子比特集成在一起，D-Wave 公司的量子计算机能够快速扩展系统中的量子比特数量，但也会导致量子比特所处的材料更易损耗。由于他们优先考虑的是易于扩展，而非量子保真度。因此，尽管研究人员预计量子退火的限制会比基于门的量子计算机少，但这种量子计算机中量子比特的相干时间比目前基于门的量子计算机的量子比特要少 3 个数量级以上（千分之一）。

基于门的量子计算机的进展重点是，当量子比特的数量处于数十个的范围内时，对量子比特和门的保真度的优化。自从 1999 年首次实现超导量子比特以来，基于门的量子计算机的量子比特相干时间 T_2 已经提高了 5 个以上的数量级，目前大约为 100 μs。由于世界各地的研究团队在材料科学、制造工程和量子比特设计方面取得了进展，能够减少量子比特的能量损失，因此相干时间得到了显著改进。

5.3.2 制造可扩展量子计算机的挑战与机遇

当前使用的温度控制和测量层的方法，每个量子比特有多条导线，最多可以扩展至 1 000 个左右的物理量子比特[61]。本节对造成此限制的因素进行了总结，然后对目前已知的可以制造出更大型量子计算机的方法进行了讨论。

达到数百个量子比特

通过简单地增加单个集成电路上的量子比特数量，可以实现更大型的量子计算机，但许多因素会限制量子比特的数量，其中包括：

● 增加量子比特数量的同时需要保持量子比特的质量。超导量子比特是光刻可扩展的，与半导体制造工具兼容[62]。在实验室研究的制造环境下，200 mm 芯片上已实现了高相干性的量子比特。在扩展量子比特的数量时，研究人员至少需要保持（理想情况是增加）量子比特的相干性。因为大型系统的目标是求解需要更多时间的更大问题，更高的保真度可以使量子计算机在相干时间内执行更多运算。当然，随着量子比特数量的增加，制造过程的差异会更加严重，因为更多的元件会造成更大的差异。目前高保真度的可调量子比特的制造方法（阴影蒸发技术)可以扩展至数千个量子比特。该方法是基于对设备生产和设备差异的过程监测,目前正在马萨诸塞理工学院的林肯实验室等地进行研究。不同类型量子比特的频率也不相同,西格玛度量约为 150 MHz,相当于约瑟夫森结的临界电流的 2%～3%。虽然足够将可调量子比特的数量增加至 1 000 个,但某些固定频率量子比特方案无法处理这种较大的差异。

● 冷却、导线和封装。目前的稀释冷却技术可以处理多达数千根的直流电缆和同轴电缆,应该能支持 1 000 个左右的量子比特。这种导线的实现需要合适的材料,从而将热负荷从 300 K 降低到 3 K 的级别,此外还需要小型的轴心和连接头。虽然控制量子比特所需的带宽通常限制在目前设计的 12 GHz 左右,但要将退相干降到最低,更高频率的带外阻抗控制则非常重要,随着物理量子比特数量的增加,这一点会变得更加困难。

大型量子计算机的制造需要二维(2D)量子比特阵列、从量子比特到它们的"封装"的区域连接,以及通过低温恒温器从封装到导线的区域连接。这种区域连接需要使用倒装芯片凸点键合与硅通孔超导的三维(3D)集成方案,研究人员正在开发这些技术,将高相干性的量子比特芯片与多层互连导线晶片连接起来[63-64]。

● 控制和测量。如前文所述,当前的设计需要生成每个量子比特的控制信号。在目前许多量子计算机中,这些信号是通过标准实验室设备产生的。现在有一些公司通过使用机架卡的设计,可以扩展至数千个量子比特。使用机架式电子设备则意味着,任意时刻的下一步运算都会依赖于先前的测量(这是纠错算法中的常见方法),因此计算机的运算都会存在延迟。发送一个信号,返回一个信号,推导出下一个要发送的信号,使用目前的设备来实现这种发送需要 500～1 000 ns,限制了量子计算机的最终时钟速度。虽然这个速度对于 1 000 个量子比特电路来说应该足够了,但缩短时钟周期会更有利,因为它能直接转变为更低的误码率。

扩展至大型量子计算机

首先,需要改进量子比特的保真度,以支持实用量子纠错所需的低误码率。材料、制造和电路设计的进步将是实现 10^{-3} 到 10^{-4} 的量子误码率的关键。此外,随着计算机的量子比特数量增加至数百万个,甚至更多,需要通过先进的过程监测、统计过程控制以及能够减少高相干性设备相关缺陷的新方法,来对量子比特的生成进行评估和改进。目前已有专门用于特定的、先进的互补金属氧化物半导体(CMOS)工艺的制造工具,类似地,研究人员可能需要开发针对特定量子比特制造工艺的专门工具,从而提高生成率,并将导致退相干的制造缺陷降至最低。

制造大型量子计算机的另一个需要考虑的因素是芯片产业。假设量子比特元件的最小重复距离为 50 μm(当今最先进的技术)[65],那么一个 20 mm × 20 mm 的大型集成电路能包含大约 1 600 个量子比特。如果量子计算机使用的是 300 mm 芯片,那么芯片可以容纳 25 万个量子比特。虽然这个数量在近期是足够的,但在保持相干性和可控性的同时,降低量子比特元件的最小距离可以增加量子比特的密度,在单个 300 mm 芯片上可以容纳更多的量子比特。

芯片上的集成电路需要重新进行封装。今天的高相干性量子比特处于全新的微波环境中。一般量子比特是 5 GHz 左右,对应于 60 mm 左右的自由空间波长。由于硅芯片等电介质的存在,波长会进一步减小。根据经验,良好的微波环境范围需要使距离小于波长的四分之一。显然,在实现高质量的大型封装方面,还需要进一步的研究。

控制 1 000 个以上的量子比特,需要一种新的控制和测量层方法。不再是从外部来驱动每个控制信号,而是使用更接近量子比特的逻辑/控制来驱动这些信号,同时使用较少数量的外部信号来控制该逻辑。该控制逻辑需要使用 3D 集成来连接量子比特层和局部控制层,采用单片制造(但需要在不损害量子比特相干性和门保真度的情况下进行)。当然,这意味着该逻辑将运行在很低的温度下,数十毫开尔文或者 4 K。在 4 K 下运行会容易得多,因为散热能力更强,且节省了从室温到 4 K 的导线数量,但是仍然需要大量的控制导线,才能使低温恒温器中的温度继续降低至基准温度阶段。尽管一些技术可以在这种温度下工作,包括:低温 CMOS、单通量量子(SFQ)、互易量子逻辑(RQL)以及绝热量子通量参变器,但要在大型量子计算机上实现这些设计,还需要开展重要的研究,然后才能确定用哪些方法能够创建局部控制和测量层,从而支持高保真度的量子比特运算。

即使能够实现 300 mm 的芯片,一台大型量子计算机也需要用到许多这样的子系统,且很有可能子系统的最佳尺寸会是更小的模块。因此,需要通过某种量子连接来将这些子系统连接在一起。目前一般采取两种办法。第一种方法假设模块之间互连的温度为毫开尔文级别,那么可以使用微波光子进行通信,流程包括:为这些光子创建引导通道,量子比特和微波光子之间相互交换量子信息,接着将量子信息从光子交换给第二个较远的量子比特。另一种方法是将量子态与更高能量的光学光子相结合,需要用到高保真度的微波-光学转换技术。目前这也是一个活跃的研究领域。

5.4　其他技术

由于囚禁离子量子计算机和超导量子计算机在量子比特数量方面仍然面临许多技术挑战,因此一些研究团队正在继续探索量子比特和量子计算机的其他制造方法。这些技术还不够先进,仍集中在创建单量子比特门和双量子比特门。附录 D 对这些方法进行了介绍,本节进行了总结。

光子具有许多特性,对量子计算机来说是一项有吸引力的技术：光子是一种量子粒子,与环境以及彼此之间的相互作用很弱。这种与环境的自然隔离使得光子明显适用于量子通信。光子是基本的通信工具,可以与具有高保真度的完美单量子比特门相结合,因此,许多早期的量子实验都是用光子来完成的。光量子计算机的一个重要挑战是,如何创建鲁棒的双量子比特门。研究人员目前正在进行研究,通过两种方法来解决这个问题。第一种是线性光学量子计算,通过将单光子运算与测量相结合,产生高效的强相互作用,可以用于实现基于概率的双量子比特门。第二种方法是利用半导体芯片中的小型结构来进行光子相互作用,因此也可以认为是一种半导体量子计算机。该结构既可以是自然产生的(称作"光学活性缺陷"),也可以是人造的(称作"量子点")。

小型线性光子计算机的制造工作已经取得了成功,许多团队正在研究增加这些计算机的量子比特数量。扩展这些机器的一个关键问题是光子量子比特的"大小"。因为通常光量子计算中所使用光子的波长约为 $1\ \mu m$,且光子以光速沿着光学芯片的一个方向移动。要想在光子设备中大幅增加光子的数量(即量子比特的数量),会比在局部空间量子比特系统中更困难。然而,也许未来有望实现具有数千个量子比特的阵列[66]。

中性原子是另一种实现量子比特的方法,它与囚禁离子非常相似,但囚禁离子使用的是电离原子,利用电荷使量子比特保持在特定位置,而中性原子使用的则是中性原子和激光镊。和囚禁离子量子比特一样,在进行计算之前,光脉冲和微波脉冲用于量子比特的控制,激光用于原子的冷却。2018 年,50 个原子的系统得到了验证,原子之间的间距相对紧凑[67]。可以用这些系统来模拟量子计算机,量子比特之间的相互作用通过调整原子之间的间距来进行控制。利用这项技术来制造基于门的量子计算机需要实现高质量的双量子比特运算,并将这些运算与其他相邻的量子比特隔离开来。截至 2018 年，隔离双量子比特系统的纠缠误码率达到 3%[68]。基于门的中性原子系统的扩展需要解决许多问题，这些问题与囚禁离子计算机的一样，因为二者的控制和测量层是相同的。与囚禁离子相比，中性原子的独特特性使它在构建多维阵列方面具有潜力。

半导体量子比特可以分为两类，区别在于使用的是光子信号还是电子信号控制量子比特及其相互作用。光子半导体量子比特通常利用的是光学活性缺陷或量子点，引发光子间的强有效耦合。而电子半导体量子比特利用的是光刻金属门上的电压，来对生成量子比特的电子进行限制和控制。与其他量子技术相比，该方法还不够先进，但与目前经典电子学使用的方法更类似，因此可能会吸引大量投资，从而大幅提升经典电子学的可扩展性，促进量子计算机的扩展。光子量子比特的扩展需要改进一致性，且需要对每个量子比特进行光学寻址。电子量子比特可能非常密集，但直到最近才解决了限制单量子比特门质量的材料问题[69]。高密度能使大量的量子比特集成在芯片上，但是会加剧这种量子比特的控制和测量层的构建问题，因为既要提供所需的导线，同时又要避免控制信号之间的干扰和串扰，因此这项工作的难度极大。

本节讨论的最后一种量子计算方法是使用拓扑量子比特。在这种系统中，物理量子比特的运算具有极高的保真度，因为量子比特运算受到微观层次上实现的拓扑对称性的保护。纠错是通过量子比特本身完成的，可以降低、甚至可能消除进行直接量子纠错产生的开销。这将会是一项惊人的进展，因为与其他技术相比，目前拓扑量子比特的发展最慢。在 2018 年，要想证明拓扑量子比特的存在，还需要完成许多高难的步骤，包括通过实验观察这些量子比特的基本结构。如果能在实验室中生成、控制这些结构，那么与其他方法相比，拓扑量子比特方法的容错特性可以实现更快的扩展。

5.5 未来展望

过去的十年来，许多量子比特技术都取得了显著的进步，这才有了目前可用的基于门的小型量子计算机。对所有的量子比特技术来说，首要的挑战在于如何降低大型系统中的量子比特误码率，且能够交替进行测量与量子比特运算。如第 3 章所述，目前高误码率系统的主要纠错方法是表面码。当前系统受限于双量子比特门的误码率，该误码率仍然高于目前可用于大型系统的表面码阈值。如果要实现量子纠错,则误码率至少需要比阈值低一个数量级。

当数据量子比特以及分解测量量子比特的数量达到 1 000 个物理量子比特时,可以实现 1 个逻辑量子比特上的距离为 16 的量子纠错码。假设物理量子比特的误码率为 10^{-3}(一种任意但却合理的估计,比目前报道的 10 到 20 个比特的量子计算机的误码率低 10 倍以上),那么可以实现约为 10^{-10} 的逻辑误码率。如果将物理误码率改进至 10^{-4},那么逻辑误码率会降低至 10^{-18}。这个例子表明,相对适度地改进物理量子比特的误码率(从 10^{-3} 到 10^{-4},只有 1 个数量级),却可以大幅提升整体的逻辑误码率(从 10^{-10} 到 10^{-18},8 个数量级)。显然,对于逻辑量子比特、甚至物理量子比特的量子计算机来说,在失去相干性之前,可以用物理量子比特进行大量的量子比特运算,因此,通过制造和控制的改进来提高物理量子比特的保真度,这一点是至关重要的。

另一项挑战是如何增加量子计算机中量子比特的数量。很明显,在不久的将来,人们将能够用类似于今天的 20 量子比特集成电路的方法,制造出含有数百个超导量子比特的集成电路。实际上,2018 年以前,许多公司都已宣布实现了含有 50 个量子比特的集成电路。但截至本报告撰写之时,还没有公开的关于这些系统的功能或误码率的基准测试结果。在传统的硅芯片扩展中,更复杂的集成电路的制造工艺决定了扩展的速度。但对于量子计算而言,量子比特数量的扩展取决于在更大的量子比特系统中获得低误码率的困难程度。这项任务需要对集成电路、封装、控制和测量层,以及所使用的校准方法进行联合优化。

囚禁离子量子计算机的量子比特数量扩展需要设计新的囚禁系统,并为其设计控制和测量层(光子或电子)。下一代的囚禁离子量子计算机可能会使用线性离子阱,量子比特数量可以扩展至 100 个。继续进行扩展则需要再次改变离子阱的设计,以实现离子在不同分组之间的穿梭,从而实现更灵活的量子比特测量。

增加量子计算机或芯片中的量子比特数量时,使用模块化的方法可以使扩展变得更容易,即通过将多个芯片连接在一起,来制造一台更大型的量子计算机,而不是制造一个更大的芯片。模块化设计需要开发出模块之间的快速、低误码率的量子互连。由于速度快、保真度高,光子连接方法最具潜力。虽然目前已实现了集成方法所需的某些组件技术和基线协议,但具有实际性能的系统级实现仍然是一项巨大的挑战。

由于超导和囚禁离子量子数据层面临许多挑战,目前尚不清楚这两项技术是否或何时能够扩展至大型纠错量子计算机所需的程度。因此,目前不够先进的其他量子数据层技术的可行性,以及使用多项技术的混合系统最终胜出的可能性,在此刻仍无法排除。

5.6 参考文献

［1］C. Monroe，D. M. Meekhof，B. E. King，W. M. Itano，and D. J. Wineland，1995，Demonstration of a fundamental quantum logic gate，Physical Review Letters 75：4714.

［2］J. I. Cirac and P. Zoller，1995，Quantum computations with cold trapped ions，Physical Review Letters 74：4091.

［3］C. Monroe and J. Kim，2013，Scaling the ion trap quantum processor，Science 339：1164-1169.

［4］K. R. Brown，J. Kim and C. Monroe，2016，Co-designing a scalable quantum computer with trapped atomic ions，npj Quantum Information 2：16034.

［5］J. Kim，S. Crain，C. Fang，J. Joseph，and P. Maunz，2017，"Enabling Trapped Ion Quantum Computing with MEMS Technology," pp. 1-2 in 2017 International Conference on Optical MEMS and Nanophotonics（OMN），https://ieeexplore.ieee.org.

［6］D. Hanneke，J. P. Home，J. D. Jost，J. M. Amini，D. Leibfried and D. J. Wineland，2010，Realization of a programmable two-qubit quantum processor，Nature Physics 6：13.

［7］P. Schindler，D. Nigg，T. Monz，J. Barreiro，E. Martinez，S. Wang，S. Quint，M. Brandl，V. Nebendahl，C. Roos，M. Chwalla，M. Hennrich，and R. Blatt，2013，A quantum information processor with trapped ions，New Journal of Physics 15：123012.

［8］S. Debnath，N. M. Linke，C. Figgatt，K. A. Landsman，K. Wright，and C. Monroe，2016，Demonstration of a small programmable quantum computer with atomic qubits，Nature 536：63-66.

［9］N. Friis，O. Marty，C. Maier，C. Hempel，M. Holzapfel，P. Jurcevic，M. Plenio，M. Huber，C. Roos，R. Blatt，and B. Lanyon，2017，"Observation of Entangled States of a Fully Controlled 20 Qubit System," arXiv：1711.11092.

［10］J. P. Gaebler，T. R. Tan，Y. Lin，Y. Wan，R. Bowler，A. C. Keith，S. Glancy，K. Coakley，E. Knill，D. Leibfried，and D. J. Wineland，2016，High-fidelity universal gate set for $^9Be^+$ ion qubits，Physical Review Letters 117：060505.

［11］C. J. Ballance，T. P. Harty，N. M. Linke，M. A. Sepiol，and D. M. Lucas，2016，High-fidelity quantum logic gates using trapped-ion hyperfine qubits，Physical Review Letters 117：060504.

［12］K. -A. Brickman，P. C. Haljan，P. J. Lee，M. Acton，L. Deslauriers，and C. Monroe，

2005, Implementation of Grover's quantum search algorithm in a scalable system, Physical Review A 72: 050306(R).

[13] C. Figgatt, D. Maslov, K.A. Landsman, N.M. Linke, S. Debnath, and C. Monroe, 2017, Complete 3-qubit grover search on a programmable quantum computer, Nature Communications 8: 1918.

[14] T. Monz, D. Nigg, E.A. Martinez, M.F. Brandl, P. Schindler, R. Rines, S.X. Wang, I. L. Chuang, and R. Blatt, 2016, Realization of a scalable Shor algorithm, Science 351: 1068-1070.

[15] J. Chiaverini, J. Britton, D. Leibfried, E. Knill, M.D. Barrett, R.B. Blakestad, W.M. Itano, J. D. Jost, C. Langer, R. Ozeri, T. Schaetz, and D. J. Wineland, 2005, Implementation of the semiclassical quantum Fourier transform in a scalable system, Science 308: 997-1000.

[16] A. Sørensen and K. Mølmer, 1999, Quantum computation with ions in a thermal motion, Physical Review Letters 82: 1971.

[17] B. P. Lanyon, C. Hempel, D. Nigg, M. Müller, R. Gerritsma, F. Zähringer, P. Schindler, J.T. Barreiro, M. Rambach, G. Kirchmair, M. Hennrich, P. Zoller, R. Blatt, and C.F. Roos, 2011, Universal digital quantum simulation with trapped ions, Science 334: 57-61.

[18] P.C. Haljan, K. -A. Brickman, L. Deslauriers, P.J. Lee, and C. Monroe, 2005, Spin-dependent forces on trapped ions for phase-stable quantum gates and entangled states of spin and motion, Physical Review Letters 94: 153602.

[19] S. -L.Zhu, C. Monroe, and L. -M. Duan, 2006, Arbitrary-speed quantum gates within large ion crystals through minimum control of laser beams, Europhyics Letters 73 (4): 485.

[20] C.J. Ballance, T.P. Harty, N.M. Linke, M.A. Sepiol, and D.M. Lucas, 2016, High-fidelity quantum logic gates using trapped-ion hyperfine qubits, Physical Review Letters 117: 060504.

[21] N.M. Linke, D. Maslov, M. Roetteler, S. Debnath, C. Figgatt, K.A. Landsman, K. Wright, and C. Monroe, 2017, Experimental comparison of two quantum computing architectures, Proceedings of the National Academy of Sciences of the U.S.A. 114: 13.

[22] J. Zhang, G. Pagano, P. W. Hess, A. Kyprianidis, P. Becker, H. B. Kaplan, A. V. Gorshkov, Z. -X. Gong, and C. Monroe, 2017, Observation of a many-body dynamical phase transition with a 53-qubit quantum simulator, Nature 551: 601-604.

[23] J. Chiaverini, B.R. Blakestad, J.W. Britton, J.D. Jost, C. Langer, D.G. Leibfried, R.

Ozeri, and D. J. Wineland, 2005, Surface-electrode architecture for ion-trap quantum information processing, Quantum Information and Computation 5: 419.

[24] J. Kim, S. Pau, Z. Ma, H.R. McLellan, J.V. Gates, A. Kornblit, R.E. Slusher, R.M. Jopson, I. Kang, and M. Dinu, 2005, System design for large-scale ion trap quantum information processor, Quantum Information and Computation 5: 515.

[25] L. -M. Duan, B.B. Blinov, D.L. Moehring, and C. Monroe, 2004, Scalable trapped ion quantum computation with a probabilistic ion-photon mapping, Quantum Information and Computation 4: 165-173.

[26] B.B. Blinov, D.L. Moehring, L. -M. Duan and C. Monroe, 2004, Observation of a entanglement between a single trapped atom and a single photon, Nature 428: 153-157.

[27] D. Bouwmeester, P. Jian-Wei, K. Mattle, M. Eibl, H. Weinfurter, and A. Zeilinger, 1997, Experimental quantum teleportation, Nature 390: 575-579.

[28] C. Simon and W.T.M. Irvine, 2003, Robust long-distance entanglement and a loophole-free bell test with ions and photons, Physical Review Letters 91: 110405.

[29] L. -M. Duan, M.J. Madsen, D.L. Moehring, P. Maunz, R.N. Kohn Jr., and C. Monroe, 2006, Probabilistic quantum gates between remote atoms through interference of optical frequency qubits, Physical Review A 73: 062324.

[30] D. Gottesman and I. Chuang, 1999, Quantum teleportation is a universal computational primitive, Nature 402: 390-393.

[31] D.L. Moehring, P. Maunz, S. Olmschenk, K.C. Younge, D.N. Matsukevich, L. -M. Duan, and C. Monroe, 2007, Entanglement of a single-atom quantum bits at a distance, Nature 449: 68-71.

[32] J. Hofmann, M. Krug, N. Ortegel, L. Gérard, M. Weber, W. Rosenfeld, and H. Weinfurter, 2012, Heralded entanglement between widely separated atoms, Science 337: 72-75.

[33] H. Bernien, B. Hensen, W. Pfaff, G. Koolstra, M.S. Blok, L. Robledo, T.H. Taminiau, M. Markham, D. J. Twitchen, L. Childress, and R. Hanson, 2013, Heralded entanglement between solid-state qubits separated by 3 meters, Nature 497: 86-90.

[34] A. Delteil, Z. Sun, W.Gao, E. Togan, S. Faelt and A. Imamoğlu, 2015, Generation of heralded entanglement between distant hole spins, Nature Physics 12: 218-223.

[35] D. Hucul, I.V. Inlek, G. Vittorini, C. Crocker, S. Debnath, S.M. Clark, and C. Monroe, 2015, Modular entanglement of atomic qubits using photons and phonons, Nature Physics 11: 37-42.

[36] T. Kim, P. Maunz, and J. Kim, 2011, Efficient collectionof single photons emitted from a

trapped ion into a single-mode fiber for scalable quantum-information processing, Physical Review A 84: 063423.

[37] J. Kim, C.J. Nuzman, B. Kumar, D. F. Lieuwen, J. S. Kraus, A. Weiss, C. P. Lichtenwalner, et al., 2003, "1100×1100 port MEMS-based opticalcrossconnect with 4-dB maximum loss," IEEE Photonics Technology Letters 15: 1537-1539.

[38] P. Schindler, D. Nigg, T. Monz, J.T. Barreiro, E. Martinez, S.X. Wang, S. Quint, et al., 2013, A quantum information processor with trapped ions, New Journal of Physics 15: 123012.

[39] D. Hanneke, J.P. Home, J.D. Jost, J.M. Amini, D. Leibfried, and D.J. Wineland, 2010, Realization of a programmable two-qubit quantum processor, Nature Physics 6: 13-16.

[40] C. Monroe, R. Raussendorf, A. Ruthven, K.R. Brown, P. Maunz, L. -M. Duan, and J. Kim, 2014, Large-scale modular quantum-computer architecture with atomic memory and photonic interconnects, Physical Review A 89: 022317.

[41] B. Lekitsch, S. Weidt, A.G. Fowler, K. Mølmer, S.J. Devitt, C. Wunderlich, and W.K. Hensinger, 2017, Blueprint for a microwave trapped ion quantum computer, Science Advances 3: e1601540.

[42] C. Piltz, T. Sriarunothai, S. S. Ivanov, S. Wölk and C. Wunderlich, 2016, Versatile microwave-driven trapped ion spin system for quantum information processing, Science Advances 2: e1600093.

[43] W.D. Oliver and P.B. Welander, 2013, Materials in superconducting quantum bits, MRS Bulletin 38(10): 816-825.

[44] S. Gustavsson, O. Zwier, J. Bylander, F. Yan, F. Yoshihara, Y. Nakamura, T. P. Orlando, and W.D. Oliver, 2013, Improving quantum gate fidelities by using a qubit to measure microwave pulse distortions, Physical Review Letters 110: 0405012.

[45] R. Barends, J. Kelly, A. Megrant, A. Veitia, D. Sank, E. Jeffrey, T.C. White, et al., 2014, Logic gates at the surface code threshold: Supercomputing qubits poised for fault-tolerant quantum computing, Nature 508: 500-503.

[46] S. Sheldon, E. Magesan, J. Chow, and J. M. Gambetta, 2016, Procedures for systematically turning up cross-talk in the cross-resonance gate, Physical Review A 93: 060302.

[47] R. Barends, J. Kelly, A. Megrant, A. Veitia, D. Sank, E. Jeffrey, T.C. White, et al., 2014, Superconducting quantum circuits at the surface code threshold for fault tolerance, Nature 508(7497): 500.

[48] L. DiCarlo, J.M. Chow, J.M. Gambetta, L.S. Bishop, B.R. Johnson, D.I. Schuster, J.

Majer, A. Blais, L. Frunzio, S.M. Girvin, and R.J. Schoelkopf, 2009, Demonstration of two-qubit algorithms with a superconducting quantum processor, Nature 460: 240-244.

[49] E. Lucero, R. Barends, Y. Chen, J. Kelly, M. Mariantoni, A. Megrant, P. O'Malley, et al., 2012, Computing prime factors with a Josephson phase qubit quantum processor, Nature Physics 8: 719-723.

[50] P.J.J. O'Malley, R. Babbush, I.D. Kivlichan, J. Romero, J.R. McClean, R. Barends, J. Kelly, et al., 2016, Scalable quantum simulation of molecular energies, Physical Review X 6: 031007.

[51] N.K. Langford, R. Sagastizabal, M. Kounalakis, C. Dickel, A. Bruno, F. Luthi, D.J. Thoen, A. Endo, and L. DiCarlo, 2017, Experimentally simulating the dynamics of quantum light and matter at deep-strong coupling, Nature Communications 8: 1715.

[52] M. D. Reed, L. DiCarlo, S. E. Nigg, L. Sun, L. Frunzio, S. M. Girvin, and R. J. Schoelkopf, 2012, Realization for three-qubit quantum error correction with superconducting circuits, Nature 482: 382-385.

[53] J. Kelly, R. Barends, A.G. Fowler, A. Megrant, E. Jeffrey, T. C. White, D. Sank, et al., 2015, State preservation by repetitive error detection in a superconducting quantum circuit, Nature 519: 66-69.

[54] A.D. Córcoles, E. Magesan, S.J. Srinivasan, A.W. Cross, M. Steffen, J.M. Gambetta, and J.M. Chow, 2015, Demonstration of a quantum error detection code using a square lattice of four superconducting qubits, Nature Communications 6: 6979.

[55] D. Ristè, S. Poletto, M. -Z. Huang, A. Bruno, V. Vesterinen, O. -P. Saira, and L. DiCarlo, 2015, Detecting bit-flip errors in a logical qubit using stabilizer measurements, Nature Communications 6: 6983.

[56] N. Ofek, A. Petrenko, R. Heeres, P. Reinhold, Z. Leghtas, B. Vlastakis, Y. Liu, et al., 2016, Extending the lifetime of a quantum bit with error correction in superconducting circuits, Nature 536: 441-445.

[57] IBM Q Team, 2018, "IBM Q 5 Yorktown Backend Specification V1.1.0," https://ibm. biz/qiskit-yorktown; IBM Q Team, 2018, "IBM Q 5 Tenerife backend specification V1.1. 0," https://ibm.biz/qiskit-tenerife.

[58] 同上

[59] M. W. Johnson, M. H. S. Amin, S. Gildert, T. Lanting, F. Hamze, N. Dickson, R. Harris, et al., 2011, Quantum annealing with manufactured spins, Nature 473: 194-198.

[60] D Wave, "Technology Information," http://dwavesys.com/resources/publications.

[61] John Martinis, private conversation.

［62］W.D. Oliver and P.B. Welander，2013，Materials in superconducting qubits，MRS Bulletin 38：816.

［63］D. Rosenberg，D.K. Kim，R. Das，D. Yost，S. Gustavsson，D. Hover，P. Krantz，et al.，2017，3D integrated superconducting qubits，npj Quantum Information 3：42.

［64］B. Foxen，J.Y. Mutus，E. Lucero，R. Graff，A. Megrant，Y. Chen，C. Quintana，et al.，2017，"Qubit Compatible Superconducting Interconnects，" arXiv：1708.04270.

［65］J.M. Chow，J.M. Gambetta，A.D. Co'rcoles，S.T. Merkel，J.A. Smolin，C. Rigetti，S. Poletto，G.A. Keefe，M.B. Rothwell，J.R. Rozen，M.B. Ketchen，and M. Steffen，2012，Universal quantum gate set approaching fault-tolerant thresholds with superconduc-ing qubits，Physical Review Letters 109：060501.

［66］参见：J.W. Silverstone，D. Bonneau，J.L. O'Brien，and M.G.Thompson，2016，Silicon quantum photonics，IEEE Journal of Selected Topics in Quantum Electronics 22：390-402；

T. Rudolph，2017，Why I am optimistic about the silicon-photonic route to quantum computing?，APL Photonics 2：030901.

［67］H. Bernien，S. Schwartz，A. Keesling，H. Levine，A. Omran，H. Pichler，S. Choi，A.S. Zibrov，M. Endres，M. Greiner，V. Vuletić，and M.D. Lukin，2017，"Probing Many-Body Dynamics on a 51-Atom Quantum Simulator，" preprint arXiv：1707.04344.

［68］H. Levine，A. Keesling，A. Omran，H. Bernien，S. Schwartz，A.S. Zibrov，M. Endres，M. Greiner，V. Vuletić，and M. D. Lukin，2018，"High-Fidelity Control and Entanglement of Rydberg Atom Qubits，" preprint arXiv：1806.04682.

［69］J.J. Pla，K.Y. Tan，J.P. Dehollain，W.H. Lim，J.J. Morton，D.N. Jamieson，A.S. Dzurak，and A. Morello，2012，A single-atom electron spin qubit in silicon，Nature 489：541-545.

第6章 可扩展量子计算机的基本软件

除了要实现支持量子计算的硬件功能外,实用量子计算机还需要大量的软件组件。这点与经典计算机的运算类似,但量子计算机需要新的、不同的工具来支持量子运算,包括:程序员使用的用于描述量子计算机算法的编程语言,分析这些算法并将其映射到量子硬件的编译器,在特定的量子硬件上进行分析、优化、调试,以及测试程序的其他支持。研究人员已开发出一些工具的初级版本,用于支持目前互联网上的可用量子计算机[1]。理想情况下,即使是没有量子力学知识背景的软件开发人员,也应该可以使用这些工具。这些工具能够提供一些抽象的,让程序员在算法层面上思考,而不必过于关注脉冲的生成控制等细节。最后,理想情况下,这些工具应该能够实现任意量子算法的编程,可以将其代码进行转换,用于任意目标量子体系结构中。

为了实现第5章所描述的目标,需要通过特定的实现方式来使用硬件控制和软件方法,并进行显著的人工优化。这些方法无法有效地扩展到大型量子计算机。由于量子数据层的构建有多种不同的、新兴的方法,因此早期的高级软件工具需要特别灵活,才能在硬件和算法发生变化时仍然有用。这一要求使得完整的量子计算软件体系结构的开发任务变得很复杂。本章将围绕这些问题进行更详细的探讨,描述当前量子计算机软件工具开发的进展状况,以及制造可扩展量子计算机所需要完成的工作。

对于任何计算机来说,无论是经典计算机还是量子计算机,软件生态系统都包括用于将算法映射到计算机上的编程语言和编译器,但也远不止于此。还需要模拟和调试工具来对硬件和软件进行调试(特别是在硬件和软件共同开发的情况下),需要优化工具来对算法的有效实现提供帮助,以及需要验证工具来保证软件和硬件的正确性。

对于量子计算机来说,模拟工具(例如通用模拟器)可以让程序员为每次量子运算进行建模,并对产生的量子态及其在时间上的演化进行监测。对于程序和新

118

开发硬件的调试而言,这一功能都是必不可少的。资源估计器之类的优化工具能对运行不同量子算法所需的性能和量子比特资源进行快速估计。因此,编译器能够将需要进行的计算转换为一种有效的形式,从而使相关硬件所需的量子比特数量或量子比特运算数量最小化。

6.1　挑战与机遇

量子计算机的软件生态系统是量子计算机系统设计的基础。首先,也是最基本的是,编译器工具能将算法映射到量子计算机硬件系统,这一点对于量子计算机的设计和使用来说至关重要。研究人员甚至可以在开发出量子计算机硬件之前,先开发一个编译器系统,以及资源估计器和模拟工具。这些工具对于算法设计和优化来说十分重要。雷埃(Reiher)等人在对量子计算机的运算进行优化时,需要对固氮的生化过程进行计算建模,就使用了这种工具集[2]。通过使用资源估计器的反馈以及改进后的编译器优化,量子算法的预计运行时间从高次多项式降低至低次多项式,从而使量子计算机的预计求解时间从数十亿年降低至数小时或数天。

该例子表明,语言和编译器(软件"工具链")会对执行量子计算所需的资源产生巨大影响。无论是经典计算还是量子计算,编译器在分析及将算法转换为机器可执行代码时,进行了许多资源优化。成功的量子计算机工具链资源优化可以显著地节省执行算法所需的量子比特数量和时间量,从而能够加速达到量子计算机与经典计算机的"临界点"。从本质上讲,经过高性能的合成与优化后,实现算法所需的量子计算机系统会比优化前的更小。传统的软件开发往往是在硬件开发之后进行的,因此,同时开发硬件和软件可以充分挖掘潜力,推动实用量子计算的发展。

最后,目前研发的嘈杂中型量子计算机(NISQ)系统对软件生态系统的质量和效率特别敏感。根据定义,嘈杂中型量子计算机系统的资源很有限,只具有有限的量子比特数量和较低的门保真度。因此,需要经过细致的算法优化才能有效利用嘈杂中型量子计算机,可能需要接近全部的堆栈信息流,才能完成从算法到具体嘈杂中型量子计算机实现的映射。具体来说,噪声或误码特征等信息会有效地进入堆栈,影响算法和映射的选择。同样,算法特征的信息(例如并行性)会有效地从堆栈向下流动,影响映射的选择。也就是说,数字嘈杂中型量子计算机基本需要用到每一层堆栈之间的通信,这意味着简化系统设计的机会更少。这些挑战将会推动工具链的具体设计,例如,限制跨层抽象,或鼓励程序员使用"手动调整"组件库。

　　发现:为了制造一台实用量子计算机,软件工具链的研发需要与硬件和算法的开发同时进行。实际上,这些工具将有助于推动算法、设备技术及其他领域的研究,从而迈向整体设计的成功。

　　研发一套完整的量子计算机软件工具,需要解决若干挑战。模拟、调试以及验证的难度尤其大。以下各节将对这些问题进行更为详细的描述。

6.2　量子编程语言

　　算法设计,包括量子计算机算法设计,通常始于求解问题的方法的数学公式。编程和编译的重要任务是将算法的抽象数学描述转变为可在物理计算机上运行实现。编程语言通过语法来支持关键原理和运算的自然表达,从而实现这一过程。量子计算机系统编程所需的原理和运算与经典计算机编程大不相同,因此需要新的语言和独特的工具套件。例如,设计一种语言,使程序员能够在量子算法中利用量子干涉,这是一项独特而又艰巨的挑战。

　　软件和算法有多个抽象层次,因此也需要多个语言层次。在最高层,编程语言应该让用户能够轻松、快速地编写算法,理想情况下,程序员不用去了解详细的底层硬件规格。这种细节抽象很有用,因为可以降低系统的超高复杂性,还能使软件更加独立于设备、可移植。针对不同量子计算机的硬件实现,这种设备独立性可以将同一个量子计算机程序进行重新编译。通过目前的原型语言,开发人员和程序员能够使用一种高级语言与量子硬件进行交互,这种语言在某种程度上是独立于设备的。

　　在最底层,编程语言要能够与硬件组件进行无缝交互,给出程序高速执行所需的物理指令的完整说明。尽管目前使用的一些低级语言可以直接对设备进行编程,但量子计算的长远目标是将这些语言吸收到自动化工具流中。与经典计算机类似,量子计算需要自动生成量子计算机的底层设备流程,然后实现这些底层信息的抽象,程序员无须考虑细节。

　　与早期阶段的经典计算生态系统类似,当前量子计算机软件包含大量的语言和工具,其中许多是开源的,商业和学术领域都正在进行开发。随着近期业界对更大型的量子计算机硬件原型的推动(包括在公有云上的广泛使用),研究人员逐渐意识到需要全栈的量子计算机软件和硬件,从而鼓励人们使用,培养关于量子软件和硬件的开发者社区。因此,我们有理由期待量子编程语言和软件生态系统将会受到大量的关注,且可能在未来几年发生重要变化。

6.2.1 面向程序员的(高级)编程语言

研究人员已开发出第一代量子计算机编程语言,随着时间的推移,新的编程语言和语言结构也在不断发展。从目前的初步经验来看,一些编程语言的特性似乎有助于促进整个系统的设计和成功实现。

首先,高级量子编程语言应在抽象与细节之间取得平衡。一方面,应该能够简洁地表述量子算法和应用。另一方面,允许程序员来指定足够的算法细节,从而将量子算法映射到硬件级基本运算的软件工具中。高级量子编程语言本身就是特定领域的语言(DSL),在某些情况下,研究人员建议对量子计算机的一些子领域进行进一步的专门化,例如变分量子本征值求解器、量子近似优化算法等。

一些量子编程语言采用的方法是将算法描述为量子电路。接着,软件工具链系统从电路宽度和电路深度两个方面对电路进行分析,从而对特定的量子数据层进行优化。与这些方法相比,其他编程语言则强调的是更高层次的算法,而非电路。尽管有这种更高层次的方法,但为支持算法到硬件的良好映射,一些编程语言支持函数库的广泛使用。函数库包含子程序和高级函数,将其作为特定硬件的手动调整模块映射,第 6.2.3 节中将对该内容进行讨论。

编程语言一般分为两类:函数式和指令式。研究人员已开发出这两种类型的量子计算机编程语言,至于哪一种语言更适合于量子计算机应用的编程,目前还没有形成共识。函数式编程语言能更好地支持算法的抽象和数学实现。一些编程语言研究人员认为,函数式编程语言的代码更紧凑、不容易出错。量子计算机函数式编程语言包括:Q#、Quipper、Quafl 和 LIQuI |>("Liquid")。指令式编程语言则允许直接修改变量,人们一般认为指令式编程语言能够支持实用量子计算机系统,特别是嘈杂中型量子计算机系统的资源高效的系统设计[3]。量子计算机指令式编程语言包括:Scaffold[4] 和 ProjectQ[5]。

另一个设计的区别是编程语言是否嵌入到基础语言。嵌入式编程语言是基础语言在形式上的扩展,该方法允许开发人员使用基础语言的软件栈来加速系统的实现。实际上,这种语言是通过适度添加基础语言的编译器和相关软件而形成的,而非从头开始编写整个软件生态系统。为了利用这种方法的通用性,研究人员将一些当前的量子计算机编程语言嵌入到广泛使用的非量子计算机编程语言中。其他语言则没有这样做,仅仅在形式上和非量子计算机基础语言很相似。由于目前量子计算机硬件和系统设计正在快速变化,因此,与"从头开始"设计语言相比,形式上的嵌入或至少在形式上与广泛使用的基础语言相似的语言,可以更加快速地构建、修改编译器及其他工具。

量子计算机编程语言的另一个重要设计问题是该语言的数据类型方法。"数据类型"是指编程语言结构,标记程序或函数使用的数据的类型,因此函数可以通过数据的类型来决定如何执行特定的运算。所有语言都使用某种形式的数据类型。例如,在大多数编程语言中,基本数据类型包括:整数、浮点数、字符及其他常用类型。整数加法与浮点数加法的定义不同。一些较新的量子计算机语言支持更丰富的数据类型系统,具有更强的类型检查规则。这些"强类型"语言可以在类型安全方面具有更严格的保证,有助于编写出可靠的软件。具体来说,编译器执行类型检查,检查待编译的程序是否对特定数据类型的变量进行正确的控制,以及将一种类型的变量赋值给另一种类型的变量时是否遵守相应的规则(例如,可以在不损失精度的情况下将整数值赋值给浮点型变量,但将浮点值赋值给整数型变量则是非法的,或者会导致精度损失,具体取决于语言的种类)。

关于面向程序员的软件讨论,最后一点是用户"命令行"接口。由于近期量子计算机可能会成为大型、昂贵、定制的设备,因此这类系统可能位于一些特定地点,如大型数据中心或制造商的场地,用户通过网络使用云服务进行访问。在这种情况下,可以为用户提供各种级别的服务,例如,作为编程环境的应用级服务,或者编程接口(API)级服务。随着物理硬件、相关应用、制造商、服务提供商以及用户社区的发展,未来量子计算机的用户接口将继续得到发展。

6.2.2 控制处理(低级)语言

除用于算法开发的面向程序员的高级语言外,为了生成特定量子数据层(第5.1.1节)的控制处理器(第5.1.3节)指令,还需要较低级别的语言。这些语言对应于汇编语言编程或者经典计算机的"指令集体系结构"。因此,需要设计这些语言来描述量子计算机运行的核心方面,例如基本的低级运算或门。这些语言还具有表示运算并行性、量子态运动以及控制序列的结构。人们有时把这些语言称为量子中间表示(QIR)。

由于效率的原因,在可预见的未来,较低级别的量子计算机程序和工具比经典计算机使用的工具更需要特定的硬件。由于量子计算机面临严峻的资源限制,量子程序的编译很可能会严格地专门用于特定的程序输入,也就是说,需要在每个任务开始之前进行编译。例如,运行肖尔因子分解算法的量子计算机需要一个将特定大数作为常量进行因子分解的编译程序。进行化学模拟的量子计算机需要一个模拟特定分子结构的编译程序。这一点与经典计算机形成鲜明对比,经典计算机的资源充足,可以有更多的通用性。经典计算机进行程序编译,可以使程序与多个不同的输入一起运行。例如,电子表格程序可以接收、计算用户输入的任何数字,不用为每个新的输入单独编译一个程序。在量子计算机的资源限制得到大幅缓解之前,与经典计算机软件的编译相比,量子计算机的程序编译更接近于计算机硬件设计(即"硬件合成")时所使用的严格优化过程。

早期的一种名为 QASM 的低级语言[6]具有非常基本的运算结构,但它与量子计算机的早期实践有关,即通过门的线性序列来表示简单电路。随后的 QASM 变体具备其他特性,提高了表示能力和可扩展性。例如,在经典计算机的传统经典汇编代码中,通常会有一些构造用于迭代(重复执行部分代码)和子程序调用(跳到另一段代码模块)。目前,OpenQASM[7]量子汇编级语言中出现了汇编语言、C 语言与基本 QASM 结构的融合。

在编译的最后阶段,将类似于 OpenQASM 的量子中间表示程序转换成合适的控制指令,为控制处理器生成代码。控制处理器则将信号发送到控制和测量层。语言和框架可以为该层所用的控制和测量设备软件提供支持。例如 QcoDeS[8],一个基于 Python 的数据采集框架,该工具集用于与物理设备的交互。还有一些例子,通常与特定的硬件实现相对应,包括:IBM Q 的 OpenQASM 后台,离子阱研究领域[9]推动的名为 ARTIQ 的开源系统等。

目前嘈杂中型量子计算机系统在电路宽度(量子比特数量)和电路深度(时间步长或运算次数)方面都受到严格的资源限制。这点给量子计算机的语言和编译器带来了挑战,需要广泛、主动的资源优化才能将算法映射到嘈杂中型量子计算机系统。包括:降低算法级别的独立于硬件的资源,以及更具体到特定硬件或技术类别的较低级别的优化。一些高级优化使用了最早为经典计算机软件编译器开发的著名转换,例如循环展开和常数传播。还有一些高级优化是量子计算机特有的,例如第 6.5.1 节中讨论的量子计算机的门运算选择。

较低级别的基于硬件的优化自然会更关注设备特性,包括:量子比特设计的优化和数据通信的优化。还有一些方法可以优化非常独特的设备特性，包括相干性周期以及设备误码率[10]。随着嘈杂中型量子计算机系统的公共用途越来越广泛，针对实用量子计算机特性而定制的工具链将会得到更广泛的应用。编译器工具的严格定制使算法能够最有效地使用嘈杂中型量子计算机中有限的量子比特数量。

6.2.3 软件库支持

在经典计算机中，通过使用预先编写的子程序，函数库可以帮助程序员降低程序的复杂度。在某些情况下，为了简化编程、实现代码重用，库函数具有一些基本函数的实现，如快速傅里叶变换（FFT）。在其他一些情况下，库函数已经对特定实现进行了专门的优化，从而帮助程序员使程序更加节省资源。要实现高效的量子计算，库函数方法同样是不可或缺的。

重要的库函数集来源于量子算法中对常用函数的估计。一些量子算法需要简单的数学函数，如加法，或者其他更复杂的函数，如模运算、分组密码的实现以及散列函数。全面的库函数集可以节省程序员的时间，降低程序出错的可能性。此外，库函数还可以对特定的实现进行大量优化。因此，算法级程序员可以优化电路宽度或电路深度，而不必完全了解硬件的细节。

优化后的库函数通常是一种有用的资源，但是它们可能很难针对各种可能的底层硬件实现来进行充分的优化。程序员会发现，在进行编译时，他们的算法级表示比库函数更有效。为了解决这类问题，量子计算机的库函数[11-13]包含了许多关于如何构建所需功能的选项，其中一些库函数是独立于硬件的，还有一些是为特定的实现而定制的。接着，编译器工具可以使用资源估计工具来为目标硬件选择最佳选项。此外，如果特定用户的实现仍然优于库函数选项，那么，在某些情况下（例如，开源项目），也可以将其纳入库中，以供未来使用。

量子计算机函数库的创建和使用是一种实用且有效的方法，可以为常用函数提供优化方案，但它们与高级编程、编译的相互影响仍然是有待进一步研究和开发的领域。为了提高支持编译器优化电路深度和电路宽度的能力，需要继续改进高级编译器的优化，这点也有利于函数库的开发。具体的需求领域包括：更好地实现辅助管理的方法，以及管理"污染的""纯净的"辅助量子比特的技术。未来另外一项研究领域是表达和分析量子算法所需的数值精度级别，以及如何在编译器中自动确定这些精度。这种精度分析能给积极的资源优化提供支持，使计算在最低要求的精度下进行,从而减少量子比特数量以及运算次数[14]。

6.2.4 算法资源分析

开发商用量子应用和程序的关键在于了解该算法的成本和性能。由于在实用量子计算机硬件及大型模拟量子计算机系统上运行存在困难,因此其他形式的早期资源估计变得尤为重要。幸运的是,资源分析比量子计算机模拟或实际机器运行更容易处理,这是因为只需要确定计算得到结果所需的时间和资源,而不用进行实际计算。因此,不需要计算完整的量子态信息,而这点在其他方法中是一项棘手的挑战。因此,资源估计十分有效,且可以扩展到非常大量的量子比特输入,我们可以对算法性能进行分析,这原本是无法在经典计算机上模拟,也无法在当前量子计算机上运行的。资源估计器已经多次在肖尔算法和其他类似规模的基准测试上运行,通过资源估计器已实现了对数十万个量子比特以及数百万的量子运算、运行时间步长的分析[15]。

其他软件工具可以用资源估计分析的结果来指导优化工作,特别是在映射到量子数据层时,程序员可以用它来识别量子计算机的实际应用。对应用的这种详细分析是必不可少的,因为理论分析只能给出量子算法的渐近程度。在特定量子计算机系统上,量子比特的连接度或通信方法等选择可能会严重影响实际资源的使用。因此,可以用资源估计器来对这些实现细节进行说明,从而更好地理解如何进行设计选择才有潜力,而不是仅仅依靠渐近程度估计。

将算法编译到硬件的过程中,可以在不同的抽象层次上进行资源分析,并在细节和准确性之间进行平衡。每个阶段都使用一个适合于该阶段优化问题的量子硬件模型。例如,研究人员将算法映射到一组单量子比特、双量子比特运算之后,可以分析电路宽度和电路深度,从而明白如何才能将运行应用所需的逻辑资源最小化。研究人员应用量子纠错且将得到的代码映射到硬件支持的实际运算之后,可以再次执行另外一个层面的分析,如估算量子纠错和通信的开销。类似地,编译器分析可以通过这种估计来进行优化,从而降低开销。

6.3 模拟

模拟器在量子计算机及算法的发展中起着至关重要的作用,它在可扩展性和可处理性方面的实现面临着巨大的挑战。在最低层,可以用模拟器来模拟本机量子硬件的门运算,从而得到量子计算机的预期输出,同时也可以用于硬件检查。而在最高层,模拟器可以监测逻辑算法计算和逻辑量子比特的状态。模拟器可以模拟不同硬件技术下的噪声影响,因此在运行该算法的量子计算机问世之前,算法设计者就能够预测噪声对量子算法性能的影响。对于嘈杂中型量子计算机系统来说,这样的模拟能力尤其重要,因为系统缺乏量子纠错的支持,噪声会从根本上影响算法的性能和成功率。

量子计算机模拟的巨大挑战是状态空间的增长率。由于在经典计算机上可以通过稀疏矩阵矢量乘法来实现门运算,因此量子计算机的模拟是矩阵向量乘法序列。然而,表示 N 个比特的量子计算机状态的复值波函数的大小为 2^N,也就是说,量子计算机硬件每增加一个量子比特,都会使状态空间的大小翻倍。很快,状态空间变得过大,即使使用最大型的经典超级计算机也无法进行模拟。目前经典超级计算机能够模拟 50 个量子比特左右的系统。

为解决全系统量子计算机模拟的困难,可以通过构建量子计算机模拟器来模拟部分量子运算。例如,如果要评估特定的量子纠错码,那么可能只需要模拟相关的克利福德运算(它们不属于"通用门集合",但确实包含了某些量子纠错方法用到的门)。在这种情况下,则可以使用量子计算机模拟[16],且能够进行数千个量子比特的纠错。例如,可以有效模拟 Toffoli 门、CNOT 门和 NOT 门,从而对大型运算量子电路进行研究和调试。再举一个例子,可以对只包含 NOT 门(Pauli X)、CNOT 门和 CCNOT 门(Toffoli)运算的 Toffoli 电路进行模拟。这种电路上的经典输入可以进行有效模拟。

对于最难模拟的通用门,通过在更高抽象级别上模拟量子算法的一些运算,可以提高模拟速度[17]。例如,当量子程序需要执行量子傅里叶变换时,模拟器调用波函数的快速傅里叶变换,并在运行模拟的经典计算机上对其进行评估。对于肖尔算法中所使用的模加等数学函数,模拟器仅在每个计算基态上进行模加,而不是应用于量子运算序列。虽然创建这些高级抽象函数通常很困难,但是现有的所有选项都可以链接到函数库中。例如,这种方法对于使用"oracle 函数"的量子算法特别有用,在这种情况下,量子算法的函数实现是未知的,程序员可以调用经典算法的 oracle 函数实现。

6.4 规格、验证及调试

量子程序的规格、验证及调试问题极其困难。第一,量子计算机的软件和硬件十分复杂,因此进行正确的设计极其困难。第二,量子计算机模拟十分棘手,限制了开发人员的预设计测试和模拟的次数。第三,量子计算机系统的本质是通过测量造成量子态坍缩,而普通的调试方法是基于程序执行期间对程序变量进行测量,因此这种调试会中断,无法使用。

验证问题的核心在于,经典计算机能否对量子计算机求出的答案进行验证?由于量子力学的基本原理,回答这个问题似乎极为困难:(1)由于量子系统的状态空间呈指数级增长,因此,即便使用经典计算机对中型量子设备进行直接模拟,也基本无法实现。(2)量子力学定律严格限制了通过测量所能获得的量子态信息量。研究人员探索了三种方法来解决这一难题,每种方法都建立在交互式证明体系的理论基础之上,进一步探索了该理论与经典密码学的深层次相互影响。过去三十年来,经典密码学取得了惊人的丰硕成果。

第一种方法,实验者或验证者是"略微量子化的",可以控制固定数量的量子比特,且能进入量子计算机的量子通道[18-19]。量子认证技术的使用有助于保证量子计算机的可靠性。这类协议的安全性证明非常少,仅在最近几年才取得一些成果[20-21]。

第二种方法,模型考虑的是与多个纠缠量子设备相互作用的经典验证器,该方案能有效地描述量子设备,并验证其求出的解[22-24]。在量子密码学中,该模型的量子设备具有对抗性,因此研究人员对其进行了独立研究。在这方面已经研究出了有效的随机数生成验证协议[25-26]。这些成果进一步推动了完全独立于设备的量子密钥分发协议的进展[27-29]。

第三种方法,模型考虑的是经典验证器与单个量子设备的交互,验证器使用后量子密码来保证设备的可靠性。近期的研究显示,基于无爪陷门函数可以实现有效的、可验证的量子优越性(可以通过容错学习来实现[LWE])[30]。该文献表明,可以通过单个量子设备来生成可验证的随机数。近期研究显示,经典计算机可以使用无爪陷门函数将计算任务分配给云中的量子计算机,且不泄露数据的隐私,该任务称为"量子完全同态加密"[31]。后续研究[32]显示,基于无爪陷门函数的协议十分巧妙,可以有效验证量子计算机的输出。

由于测量会改变系统的状态,且只能得到有限的状态信息,因此对量子计算机的状态进行测量,以便更好地理解误码来源,这是一项复杂的任务。由于每次测量只能得到整个量子态的某一个指标,因此重构量子态本身需要进行反复制备和多次测量,才能得到测量量子态的概率分布。这种测量方法称为"量子态成像"，能够对可能的量子态进行估计，但是需要进行大量的重复制备和测量。对 n 个量子比特测量 2^{2n} 次，可以确保每种可能的输出态都有足够数量的样本。如果要调试一个量子电路，那么就要用到量子过程的成像，即对多个不同的输入集进行量子态成像，描述的是电路如何将输入的量子态转换为输出态。过程成像是对电路运行过程中产生的误码的完整描述，但也需要大量的步骤才能实现。

由于开发量子算法和工具相当困难，因此设计人员需要一些方法来验证初始算法和编译器得到的低级输出（检查编译器中的优化）。在量子计算机问世之前，开发人员就需要执行一些量子计算机程序，因此这项任务特别困难，程序无法通过直接执行来进行验证。

目前，量子计算机的调试只有几种有限的方法。例如，可以使用经典或经典-量子混合模拟来对应用进行部分测试，但会受到第 6.3 节所讨论的模拟器限制的影响。另一种方法是使用编程语言构造，如数据类型或断言，更容易发现错误。用行的形式将断言插入到程序中，来声明（断言）运行到此处时的某些特征。例如，量子计算机程序可能包括关于算法进程中特定时刻的期望特征状态或相关性的断言。接着可以使用编译器和运行分析来对这些类型或断言进行检查。然而，由于对变量进行测量会使其状态坍缩，因此这些断言检查仅限于对非计算核心的辅助变量的测量，否则，测量会终止程序的运行。

由于全状态模拟只能在最小型的系统上进行，在其他的系统上则不现实，因此用户可以使用第 6.2.3 节中描述的资源估计器等工具来调试量子程序。还有一些用于测试量子程序分支的工具，满足程序员对分支概率或其他统计的特定需求。此外，还可以将量子计算机工具集成到普通的软件开发包中，从而实现常规软件的调试方法，如设置程序断点。

然而，总体而言，对于一个基本全新的领域，上述的技术是远远不够的。调试量子计算机系统的困难（具体来说是模拟或断言等方法基本无法实现），意味着研究人员仍然迫切需要继续开发验证、调试量子软件和硬件的工具。

发现：开发大型的量子系统和程序的调试与分析方法是大型量子计算机发展的关键需求。

6.5 从高级程序到硬件的编译

通过抽象和工具的许多分层，经典计算机上能够实现高度复杂的硬件和软件系统(分别包含数十亿个晶体管及大量代码)。然而,量子计算机系统,特别是近期的嘈杂中型量子计算机系统,受到严重的资源限制,因此无法达到这种复杂度。前面章节中列出了软件的类别,但严重的资源限制难以实现清晰的抽象层,因为传统的抽象层会将信息隐藏起来,造成量子计算机系统更大的电路宽度和深度。即便如此,到目前为止,量子计算机程序的编译通常会遵循一些类似经典计算机程序的步骤,如图 6.1 所示[33]。

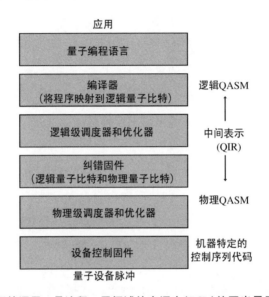

图 6.1　量子编程的通用工具流程。用领域特定语言(DSL)编写出量子程序后,经过编译器的一系列转换和优化,将其翻译成硬件指令。程序的量子中间表示(QIR)的作用是普通汇编代码的逻辑级模拟。对于含有纠错量子比特的程序,编译器会将低级 QEC 库链接到代码中,将逻辑量子比特运算转换为若干个物理量子比特运算。将"扩展"量子程序的量子比特映射到特定的硬件实现上,实现可用的特定门运算和连接度。在最低层,生成物理量子比特的运算,作为量子控制处理器的指令,从而使用所需要的特定控制脉冲(例如,微波或光学脉冲)。关于量子计算机软件架构的更多详细讨论,请参见 F. T.Chong、D.Franklin 和 M.Martonosi,2017,《实际量子硬件的编程语言和编译器设计》,自然 549(7671):180;以及 T.Häner、D.S.Steiger、K.Svore 和 M.Troyer,2018,《量子程序编译的软件方法论》,量子科学与技术 3(2):020501。

如图 6.1 所示的是编译器工具流程的草图,即经过编译器的优化,从高级应用到生成量子运算的实际控制脉冲的流程。由于量子算法的独特需求和运算,因此程序员使用的是为量子计算和量子计算机中的算法量身打造的领域特定语言(DSL)。DSL 是一种具有特定问题领域特性的编程语言。程序员还可以使用他人编写的有用的库函数。

DSL 编译器的第一步是将程序转换为量子中间表示(QIR),它同样代表着该程序,但采用的是较低级语言的形式,便于编译器的分析和控制。接着,对量子中间表示进行许多优化流程,使其在控制处理器上执行得更高效,最终在量子计算机上运行。编译器的最后一步是将量子比特映射到量子数据层的物理位置,然后生成在该数据层上执行所需的量子电路的运算序列。

关于量子计算机编译器,研究人员仍在对适合的分层方法与抽象进行改进。例如,在经典计算机中,指令集体系结构(ISA)在各种可能的硬件目标上具有持久的长期抽象。也就是说,软件可以运行在同一种指令集体系结构的不同实现上,而无须重新编译。然而,目前的量子计算机系统通常会要求程序员了解硬件的细节。缺乏抽象的原因,一方面是由于资源的严重限制,另一方面是由于早期量子计算机实现时的简单协议。随着量子计算机的实现变得更加复杂,这些协议需要成为更加成熟的抽象层。尽管如此,将编译的步骤放在图示流程中的位置是有益的。我们已经讨论了一些步骤,还有一些步骤与经典计算机的编译非常相似,不需要做进一步讨论。接下来的几节描述的是关于两个特别有趣的方面的更多细节:门的合成与量子纠错。

6.5.1 门的合成

物理级(特定硬件)编译阶段的一个功能是选择、合成计算所需的特定门函数。这些门函数类似于普通计算机的指令集体系结构或者硬件的功能元件。例如,单量子比特门和特定量子比特技术的双量子比特门可以合成多量子比特门。接着,进一步应用特定硬件的重写规则,包括将单量子比特运算分解为相关基础集里的门序列[34]。

如前文所述,任意单量子比特的旋转都无法通过克利福德门与 T 门的组合来精确表示。因此,需要将旋转分解为一组门运算。可以将任意单元表示的一般电路分解为一组由基本门组成的近似电路,基本门来自给定的通用离散集合。使用的典型通用门集合是克利福德门与 T 门的组合,也可能是其他的门(例如 Clifford 门与 Toffoli 门、V 门的组合等)。特定的通用门集合的选择是基于硬件的考虑以及容错和量子纠错的需求。总的来说,研究人员已开发出最新的合成方法[35-40],可以通过大约 $\log(1/\varepsilon)$ 个门来合成单量子比特旋转,其中 ε 是序列的保真度。也就是说,随着精度的提高,所需的门的数量会缓慢减少。

6.5.2　量子纠错

由于量子门存在高误码率,因此如果可以使用量子纠错,那么工具流的主要工作就是将所需逻辑量子比特映射到一组物理量子比特,并将逻辑量子比特运算映射到物理量子比特运算。在量子比特门误码率得到大幅降低之前,所采用的容错体系都将具有复杂的结构(包括物理量子比特的数量以及实现容错所需的门运算序列)。因此,量子计算机将从系统设计的容错体系结构中受益。如第 3 章所述,可行的体系结构包括:在具有最近邻的门的二维(2D)量子比特阵列上实现的表面码[41-42],在具有网络连接的模块的密集量子寄存器上实现的级联 Calderbank-Shor-Steane(CSS)码[43-44]。为了找到具有更少的资源需求和更好的纠错性能的体系结构,研究人员正在积极研发多种容错体系结构。

纠错需要大量的量子比特和运算,因此要尽可能高效地完成纠错运算。由于这些运算是通过软件工具链完成的,因此要实现高效率,就需要严格配置目标硬件的工具链。

6.6　总结

对于各种规模的量子计算机来说,编写和调试量子程序所需的软件工具都和量子数据层一样重要。虽然在这方面取得了良好的进展,但在实用量子计算机问世之前,仍有许多难题有待解决。例如模拟,包括高层的算法模拟和低层的物理模拟。典型的计算机设计周期通常是指使用目前已有的系统来模拟设计新系统。我们可以估计运行时的性能和硬件资源需求,并进行某种程度的正确性测试。这两种类型的模拟对于下一阶段的量子计算机硬件和软件系统设计的规划和调试都很重要,且都面临巨大挑战。在算法层面,量子计算机系统的状态空间极大。如果使用今天的经典计算机来模拟 60 个或更多量子比特的量子计算机算法,那么将无法在合理的时间和空间内实现。复杂的状态空间表示,使得量子计算机极具吸引力,同时,如果用经典硬件来对其进行模拟,从根本上来说难以实现。

噪声、其他环境以及硬件规格使得低级别模拟的性能更为有限,因为需要考虑的细节可能远远超出了经典计算机的能力。因此,量子计算机领域正在开发一种方法,即使用小型量子系统来模拟大型量子系统的特定方面,类似于经典计算机硬件设计领域中使用的"引导方法",即使用目前已有的计算机来模拟新提出的下一代计算机。此外，在早期设计评估时，对整个系统进行近似模拟会很有价值，可以在高端的经典计算机上进行。

量子程序的调试和验证也面临挑战。在大多数的经典计算机上，程序员可以在程序中的任意位置停止执行，检查计算机状态，即程序变量的值和存储在内存中的元素。程序员可以判断该状态是否正确，如果不正确，就去寻找程序错误。然而，量子计算机程序的状态空间为指数级，测量物理量子比特会使其坍缩，且在量子计算机运行过程中进行测量，程序将无法继续运行。因此，量子程序的调试和验证技术的设计是量子计算机开发中的一项根本性、具有挑战性的需求。

量子计算机的模拟和调试是一项真正具有挑战性的研究工作，而软件工具链的其他方面，如语言和编译器，已取得较大的进展，但目前仍然很重要。

嘈杂中型量子计算机时代可能会实现软件编译和工具的重大变革。具体来说，为了深入了解量子计算机在具体应用中的性能，实现硬件开发的快速反馈和进步，至关重要的是在实际硬件上进行快速开发、测试量子程序的能力。除了硬件技术之外，配套软件技术的进展将有助于推动整个领域的进步。

6.7　参考文献

［1］For example，QISKit and OpenQASM from IBM（https：//www.qiskit.org/）and Forest from Rigetti（https：//www.rigetti.com/forest）.

［2］M. Reiher, N. Wiebe, K. M. Svore, D. Wecker, and M. Troyer, 2017, Elucidating reaction mechanisms on quantum computers, Proceedings of the National Academy of Sciences of the U.S.A. 201619152.

［3］F. T. Chong, D. Franklin, and M. Martonosi, 2017, Programming languages and compiler design for realistic quantum hardware, Nature 549(7671)：180.

［4］A. Javadi-Abhari, S. Patil, D. Kudrow, J. Heckey, Al. Lvov, F. T. Chong, and M. Martonosi, 2014, "ScaffCC: A Framework for Compilation and Analysis of Quantum Computing Programs," in Proceedings of the 11th ACM Conference on Computing Frontiers, http://dx.doi.org/10.1145/2597917.2597939.

［5］ProjectQ can be found at https：//github.com/ProjectQ-Framework/ProjectQ.

［6］A. W. Cross, unpublished, https：//www.media.mit.edu/quanta/quanta-web/projects/qasm-tools/.

［7］A. W. Cross, L. S. Bishop, J. A. Smolin, and J. M. Gambetta, 2017, "Open Quantum Assembly Language," arXiv：1707.03429.

［8］QCoDeS has recently been released and is available at http://qcodes.github.io/Qcodes/.

［9］The latest version of the ARTIQ is available at https://github.com/m-labs/artiq.

［10］IBM Q Experience Device, https://quantumexperience.ng.bluemix.net/qx/devices.

［11］M. Soeken, M. Roetteler, N. Wiebe, and G. De Micheli, 2016, "Design Automation and Design Space Exploration for Quantum Computers," arXiv: 1612.00631v1.

［12］A. Parent, M. Roetteler, and K.M. Svore, 2015, "Reversible Circuit Compilation with Space Constraints," arXiv: 1510.00377v1.

［13］P.M. Soeken, T. Häner, and M. Roetteler, 2018, "Programming Quantum Computers Using Design Automation," arXiv: 1803.01022v1.

［14］M. Roetteler and K.M. Svore, 2018, Quantum computing: Codebreaking and Beyond, IEEE Security and Privacy 16(5): 22-36.

［15］Microsoft's Quantum Development Kit found at https://www.microsoft.com/en-us/quantum/development-kit; ScaffCC found at https://github.com/epiqc/ScaffCC.

［16］S. Aaronson and D. Gottesman, 2004, Improved simulation of stabilizer circuits, Physical Review A 70: 052328.

［17］T. Häner, D.S. Steiger, K.M. Svore, and M. Troyer, 2018, A software methodology for compiling quantum programs, Quantum Science and Technology 3: 020501.

［18］D. Aharonov, M. Ben-Or, E. Eban, and U. Mahadev, 2017, "Interactive Proofs for Quantum Computations," preprint arXiv: 1704.04487.

［19］A. Broadbent, J. Fitzsimons, and E. Kashefi, 2009, "Universal Blind Quantum Computation," pp. 517 - 526 in 50th Annual IEEE Symposium on Foundations of Computer Science 2009.

［20］J.F. Fitzsimons, and E. Kashefi, 2017, Unconditionally verifiable blind quantum computation, Physical Review A96(1): 012303.

［21］D. Aharonov, M. Ben-Or, E. Eban, and U. Mahadev, 2017, "Interactive Proofs for Quantum Computations," preprint arXiv: 1704.04487.

［22］B.W. Reichardt, F. Unger, and U. Vazirani, 2012, "A ClassicalLeash for a Quantum System: Command of Quantum Systems via Rigidity of CHSH Games," preprint arXiv: 1209.0448.

［23］B.W. Reichardt, F. Unger, and U. Vazirani, 2013, Classical command of quantum systems, Nature 496(7446): 456.

［24］A. Natarajan and T. Vidick, 2017, "A Quantum Linearity Test for Robustly Verifying Entanglement," pp. 1003 - 1015 in Proceedings of the 49th Annual ACM SIGACT Symposium on Theory of Computing.

[25] S. Pironio, A. Acín, S. Massar, A. Boyer de La Giroday, D.N. Matsukevich, P. Maunz, S. Olmschenk, et al., 2010, Random numbers certified by Bell's theorem, Nature 464 (7291): 1021.

[26] U. Vazirani and T. Vidick, 2012, "Certifiable Quantum Dice: Or, True Random Number Generation Secure Against Quantum Adversaries," pp. 61–76 in Proceedings of the FortyFourth Annual ACM Symposium on Theory of Computing.

[27] U. Vazirani and T. Vidick, 2014, Fully device-independent quantum key distribution, Physical Review Letters 113(14): 140501.

[28] C.A. Miller and Y. Shi, 2016, Robust protocols for securely expanding randomness and distributing keys using untrusted quantum devices, Journal of the ACM (JACM) 63 (4): 33.

[29] R. Arnon-Friedman, R. Renner, and T. Vidick, 2016, "Simple and Tight Device-Independent Security Proofs," preprint arXiv: 1607.01797.

[30] Z. Brakerski, P. Christiano, U. Mahadev, U. Vazirani, and T. Vidick, 2018, "A Cryptographic Test of Quantumness and Certifiable Randomness from a Single Quantum Device," in Proceedings of the 59th Annual Symposium on the Foundations of Computer Science.

[31] U. Mahadev, 2018, "Classical Homomorphic Encryption for Quantum Circuits," Proceedings of the 59th Annual Symposium on the Foundations of Computer Science.

[32] U. Mahadev, 2018, "Classical Verification of Quantum Computations," Proceedings of the 59th Annual Symposium on the Foundations of Computer Science.

[33] F.T. Chong, D. Franklin, and M. Martonosi, 2017, Programming languages and compiler design for realistic quantum hardware, Nature 549(7671): 180.

[34] T. Häner, D.S. Steiger, K. Svore, and M. Troyer, 2018, A software methodology for compiling quantum programs, Quantum Science and Technology3(2): 020501.

[35] V. Kliuchnikov, A. Bocharov, M. Roetteler, and J. Yard, 2015, "A Frameworkfor Approximating Qubit Unitaries," arXiv: 1510.03888v1.

[36] V. Kliuchnikov and J. Yard, 2015, "A Framework for Exact Synthesis," arXiv: 1504.04350v1.

[37] V. Kliuchnikov, D. Maslov, and M. Mosca, 2012, "Practical Approximation of Single-Qubit Unitaries by Single-Qubit Quantum Clifford and T Circuits," arXiv: 1212.6964.

[38] N.J. Ross and P. Selinger, 2014, "Optimal Ancilla-Free Clifford+T Approximation of z-Rotations," arXiv: 1403.2975v3.

[39] A. Bocharov, M. Roetteler, and K.M. Svore, 2014, "Efficient Synthesis of Probabilistic

Quantum Circuits with Fallback," arXiv: 1409.3552v2.

[40] A. Bocharov, Y. Gurevich, and K. M. Svore, 2013, "Efficient Decomposition of Single-Qubit Gates into V Basis Circuits," arXiv: 1303.1411v1.

[41] R. Raussendorf and J. Harrington, 2007, Fault-tolerant quantum computation with high threshold in two dimensions, Physical Review Letters 98: 190504.

[42] A. G. Fowler, M. Mariantoni, J. M. Martinis, and A. N. Cleland, 2012, Surface codes: Towards practical large-scale quantum computation, Physical Review A 86: 032324.

[43] C. Monroe, R. Raussendorf, A. Ruthven, K. R. Brown, P. Maunz, L. -M. Duan, and J. Kim, 2014, Large-scale modular quantum-computer architecture with atomic memory and photonic interconnects, Physical Review A 89: 022317.

[44] M. Ahsan, R. Van Meter, and J. Kim, 2015, Designing a million-qubit quantum computer using resource performance simulator, ACM Journal on Emerging Technologies in Computing Systems 12: 39.

第7章 量子计算的可行性与时间表

当前，已知的科学企业还没有制造出能够执行实际任务的大型、容错、基于门的量子计算机。虽然一些研究人员[1]认为实用量子计算根本无法实现，但是如果目前我们对量子物理的理解是准确的，那么委员会并没有找到任何线索来说明这样一个系统无法建立。然而，重要的工作仍在继续，许多未解的问题需要解决，才能最终实现制造可扩展量子计算机的目标，包括基础研究和设备工程。本章对通用、容错量子计算机的进展（截至 2018 年）和未来可能的发展方向进行了评估，介绍了未来进展的评估框架，列举了这些方向上的重要里程碑。本章最后考察了该领域的一些研发成果。

7.1 目前的进展

研究人员已实现了基于门的小型量子计算系统（大约数十个量子比特），量子比特的质量得到了显著改进。然而，随着频率的增加，设备的规模也在增加。目前研究人员正在开展大量工作，以构建具有数百个高质量量子比特的嘈杂中型量子（NISQ）系统，这些量子比特无法容错，但足够鲁棒，可以在退相干之前进行一些计算[2]。

能够进行更多的运算的可扩展、完全纠错的量子计算机（可认为是使用逻辑量子比特的抽象）似乎还很遥远。虽然研究人员已成功设计出具有高保真度的单个量子比特，但在大型设备中实现所有量子比特的保真度则要困难得多。在今天的大型设备中，量子比特的平均误码率需要降低至 $1/10$ 到 $1/100$，这样计算才能足够鲁棒，支持大规模的纠错。同时，在该误码率下，设备的物理量子比特的数量需要至少增加 10^5 倍，才能得到一些有效的逻辑量子比特。实现逻辑计算所需的改进非常重要，因此，如果基于推理来对实现这些需求的时间进行预测，将会出现极大的不确定性。

在收集本研究的数据时,委员会听取了几位专家的意见,他们都具有管理各种大型工程的工作经验。他们认为,投资、开发、制造和实现复杂系统的最快时间是从具体的系统设计计划最终确定之日起大约 8 到 10 年[3]。截至 2018 年,研究人员还没有公布大型、容错量子计算机的设计制造计划。也可能这种设计没有向大众公开,委员会无法获得机密或专属信息。

重要发现 1:考虑到量子计算的现状和近期的发展速度,在未来十年内,制造出一台能够破译 RSA 2048 或类似的基于离散对数的公钥加密系统的量子计算机的可能性较低。

由于可扩展量子计算机的实现需要很长时间,因此,本章提出了一个可用于评估量子计算进展的框架,而没有尝试对何时制造出某种系统进行准确预测(这一预测充满了未知因素)。本章提出了一些指标,用于监测量子计算机的发展,可以利用这些指标来推理预测近期的趋势。本章还提出了可扩展、容错量子计算机在实现道路上的重要里程碑和需要克服的已知挑战。

7.1.1 形成良性循环

如第 1 章所述,任何需要巨大工程量的领域的进展都与其研发的力度密切相关,而研发的力度则取决于可用的资金。量子计算显然也是如此,由于政府和私企的投资增加,因此近期取得了很大进展。最近,私企积极参与了量子计算的研究和开发,各大媒体也进行了广泛报道[4]。然而,目前对量子计算的投资大多是投机性的,近期量子比特在量子传感和计量方面的应用有潜在市场,但量子计算系统的研发目标是创建能够形成新市场的技术。量子计算技术尚未形成类似于半导体工业的良性循环。作为一项技术,量子计算仍处于早期阶段。

目前量子计算的研究热潮可能会促进良性循环,但前提是目前正在开发的技术会出现近期应用,或者取得了重大的、颠覆性的突破,能够制造出更复杂的量子计算机。达到这些里程碑的公司将会获得经济回报,并刺激公司投入更多的资源,用于量子计算的研发,制造出更大型量子计算机的可能性将进一步增加。在这种情况下,随着时间的推移,量子计算机的性能将会持续增长。

然而,还有一种可能,即使量子计算机的研发取得稳步进展,但量子计算机的首个商业应用也需要大量的物理量子比特,数量级比目前实现的或近期预期的都要高。在这种情况下,政府或其他的长远投资组织可以继续为这一领域提供资助，但这种资助不会迅速增长，形成类似摩尔定律的发展趋势。在缺乏近期商业应用的情况下，资助的力度也可能会停滞或下降。这种现象在初创技术中很常见，人们把幸存下来的技术称为跨越了"死亡之谷"[5-6]。在严重的情况下，资金的枯竭，会造成人才离开产业和学术界，那么在未来很长一段时间内，该领域都很难取得进展，因为人们对其评价很差。为了避免这种情况，即使商业利益衰退，也需要一些资金来维持研究。

重要发现 2：如果在近期内商用量子计算机无法研制成功，那么政府的资助可以防止量子计算研发的大幅滑坡。

正如推动摩尔定律的良性循环所示，成功的结果十分重要，不仅是为了对未来的发展进行投资，也是为了引进未来成功的发展所需的人才。当然，对成功结果的定义因人而异。对核心人群来说，量子科学的理论和实践的进步就是他们对成功的全部定义。而其他人，包括通过公司或风险投资（VC）领域进行投资的人群，则对科技进步、改变世界，以及经济回报这三者的某种结合感兴趣，这类人需要商业上的成功。由于制造一台大型、纠错的量子计算机需要解决大量的技术难题，因此如果要支持量子计算并使其发挥出全部潜力，那么拥有一个能够长期维持的、充满活力的生态系统至关重要。

7.1.2　近期量子计算机应用的重要性

经委员会评估，量子计算发展的最关键时期始于 21 世纪 20 年代初，需要延长当前的资助计划。也许那时已实现的最好的量子计算机是嘈杂中型量子计算机。如果这些量子计算机问世后的一段合理的时间内出现了具有商业吸引力的应用，那么市场的个人投资者将开始看到他们投资的公司的收益，政府项目负责人将开始看到他们的程序中产生了具有重要科学、商业和任务应用价值的成果。获得的效益将支持量子计算领域的进一步投资，包括早期的成功所带来的资本再投资。此外，利用量子计算机求解现实世界问题的能力，将产生一些需求，包括：使用量子计算机的专家人员，以及在学术和其他项目上推动未来进步的培训人员。嘈杂中型量子计算机的问世将有助于培训的实施和改进。嘈杂中型量子计算机的商业应用，即能够吸引大量的市场投资并产生投资回报的应用，将是开启良性循环的一个重要步骤，如果形成了良性循环，那么前期的成功将会吸引更多的资金和人才，从而提高量子计算性能，进而获得进一步的成功。

NISQ 量子计算机可能具有多达数百个物理（非纠错）量子比特，如第 3 章所述,虽然该研究方向很有潜力,但目前还没有已知的算法或应用可以有效利用这类量子计算机。因此,为了实现该领域的健康发展,需要制定一项研发计划,用以开发量子计算的近期商业应用。该计划将包括以下内容:

(1) 在经典计算机算法无法改进的应用领域寻找量子算法,算法的问题规模适中、门深度有限、能够实现量子加速求解。

(2) 寻找量子算法,算法可以通过中型量子子系统的经典-量子混合技术实现显著加速求解。

(3) 寻找问题领域,当前经典计算机上的最佳算法受到经典计算的自然规模限制,且在这些领域上,问题规模的适度增加会对问题的解造成显著影响。

重要发现 3:嘈杂中型量子计算机(NISQ)实际商业应用的研发是该领域迫切需要解决的问题。这项工作的成果将对大型量子计算机的发展速度以及量子计算机的商业市场的规模和稳定性产生深远的影响。

即使近期量子计算机的经济影响足以引导投资的良性循环,但一台具有数百个物理量子比特的量子计算机与一台大型、纠错量子计算机之间的距离仍然非常遥远,需要付出大量的时间和努力。为了使读者能够深入了解如何监测该领域的进展,下一节中提出了监测和评估进展的两种方法。

7.2　量子计算发展的评估框架

由于对未来的发明以及不可预见的问题进行预测非常困难,因此长期的技术预测通常是不准确的。一般来说,可以使用一些可量化的指标,从过去的数据中推断未来的趋势,进而实现对技术进步的预测。已有的过去趋势数据可用来进行近期预测,当取得新进展时,可对其进行调整,更新对未来的预测。如果有稳定的指标可以很好地代表技术的进步,那么这种方法就能发挥作用。这种方法并不适用于所有领域,但它在某些领域获得了成功,包括硅计算机芯片(指标是每个计算机芯片的晶体管数量或每个晶体管的成本)和基因测序(指标是每个碱基对测序的成本),多年来这些领域的进步一直呈指数级增长。

量子计算的一个明显的指标是系统中运行的物理量子比特数量。要制造能够实现肖尔算法的可扩展量子计算机,需要在量子误码率和物理量子比特数量两个方面进行大幅改进,因此要想在合理的时间内达到较大的物理量子比特数量,需要研发团队的集体努力,从而不断地成倍提高每台设备的量子比特数量。然而,仅仅扩展量子比特数量还不够,因为这些量子比特还需要以极低的误码率进行门运算。最终需要纠错逻辑量子比特,且特定的量子纠错码生成一个逻辑量子比特所需的物理量子比特的数量强烈依赖基本量子比特运算的误码率,第3章中对此进行了讨论。

7.2.1　如何监测物理和逻辑量子比特的扩展

我们可以将量子计算的硬件进展分为两个阶段,每阶段的指标如下:第一阶段监测的是直接使用物理量子比特的、无量子纠错的量子计算机进展;第二阶段监测的是具有量子纠错的量子计算机系统的进展。第一个指标(称为"指标 1")是在所有量子比特(以及单量子比特门和双量子比特门)的平均保真度不变的情况下,将系统中物理量子比特的数量翻倍所需的时间。在不同的物理量子比特门的平均误码率(例如 5%、1% 和 0.1%)下,监测系统的量子比特规模以及翻倍扩展所需的时间,是一种推测量子比特质量和数量进展的方法。由于委员会很关注实际设备上计算出现的误码率,因此,委员会指出,随机基准测试(RBM)是确定这种误码率的有效方法。该方法可以确保已知的误码率不会造成任何系统级错误,包括串扰。

尽管有些公司宣布已实现了含有 50 个以上量子比特的超导芯片[7],但截至 2018 年,这些公司都没有公布芯片的门运算误码率的具体数字。已知的误码率最大的超导量子计算机是 IBM 的 20 量子比特系统,该系统的双量子比特门的平均误码率约为 5%[8]。在量子计算机的早期阶段,起初量子比特数量的增长会产生更高的门误码率,因此无法实现量子纠错的无误码运算。然而,随着时间的推移,量子比特数量的增长将发展为具有更低误码率、更高质量的量子比特系统,从而可以进行完全纠错运算。在固定的平均门误码率下监测物理量子比特数量的增长是一种估计未来量子计算机问世时间的方法。如果商用嘈杂中型量子计算机能够研制成功,那么该方法将很有用。

随着量子计算机技术不断发展,当早期量子计算机可以运行纠错码且提高了量子比特运算的保真度时,第二个指标(称为"指标 2")就可以发挥作用了。此时,开始监测特定量子计算机上逻辑量子比特的有效数量,将这个数字翻倍所需的时间很有意义。根据不同数量的物理量子比特的测量误码率,可以推测出实现目标逻辑门误码率(例如,低于 10^{-12})所需的物理量子比特的数量,从而估计具有纠错功能的小型量子计算机中逻辑量子比特的有效数量。级联码考虑的是所需的级联层数,而表面码考虑的是编码的大小(距离),如第 3 章所述。逻辑量子比特数量是要制造的量子计算机的规模(即物理量子比特数量)除以生成一个逻辑量子比特所需的物理量子比特数量所得到的值。近期内,该指标的值小于 1。如图 7.1 所示的是对该指标的一种设想,x 轴是物理量子比特的双量子比特门运算的有效误码率(实际通常比单量子比特运算更高),y 轴是物理量子比特的数量,目标是实现一个受量子纠错码保护的高性能逻辑量子比特。两条实线代表的是两个不同的量子纠错码分别实现 10^{-12} 的逻辑误码率的需求。运行量子纠错可以提高量子计算机中量子比特的整体质量。在给定测量的物理误码率下,逻辑量子比特的数量等于制造出的量子比特数量除以图7.1中的两条实线中的较小值。

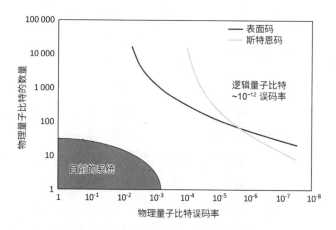

图 7.1　量子比特误码率与现有量子计算机的物理量子比特数量的关系,以及实现一个误码率为 10^{-12} 的逻辑量子比特所需的资源。不同的实现对应特定的量子纠错码(图中所示的是表面码和级联斯特恩码)

资料来源:A.Javadi Abhari,逻辑量子比特曲线数据,普林斯顿大学博士论文,2017 年。

要预测未来纠错量子计算机的问世时间,监测逻辑量子比特数量则明显比监测物理量子比特数量更有优势。该指标假设系统结构具有达到目标门误码率的纠错逻辑量子比特,且自然反映了由于物理量子比特的质量或量子纠错方案的改进而取得的进展,改进量子纠错方案可以降低物理量子比特的开销,使得一定数量的物理量子比特能生成更多的逻辑量子比特。因此,逻辑量子比特的数量可以作为监测量子计算机规模的一个代表性的指标。这也意味着,物理和逻辑量子比特的扩展速度可能不同。随着时间的推移,如果量子比特的质量和量子纠错的性能继续提高,那么将逻辑量子比特数量翻倍所需的时间会比将物理量子比特数量翻倍所需的时间要少。对于近期的应用而言,物理量子比特的扩展十分重要,但逻辑量子比特的扩展趋势才能决定大型容错量子计算机的问世时间。

重要发现 4:根据委员会目前掌握的信息,现在预测可扩展量子计算机的问世时间还为时过早。近期来看,可以通过在固定的平均门误码率下监测物理量子比特的增长率来监测进展,如使用随机基准测试进行评估。长远来看,可以通过监测系统的逻辑量子比特(纠错)的有效数量来监测进展。

如第 5 章所述,虽然超导和囚禁离子量子比特是目前最有潜力的生成量子数据层的方法,但拓扑量子比特等其他技术也具有优势,未来可能会以更快的速度发展,取代目前的主流方法。因此,监测最先进的量子计算机所有技术的发展,以及不同方法的发展速度,才能更好地预测未来的技术变化节点。

7.2.2 量子比特技术的现状

本报告已对实现量子比特各种技术的特点进行了详细讨论。这些技术中,只有超导与囚禁离子量子比特两种实现了高质量和高集成,可用于初步总结量子比特的扩展规律。但即便如此,历史数据也十分有限。如图 7.2 所示的是量子比特数量与时间的关系,使用不同颜色对不同误码率的量子计算机进行分组,其中红色点的误码率最高,紫色点的误码率最低。在过去,如果误码率保持不变,那么将量子比特的数量翻倍需要 2 年多的时间。2016 年之后,超导量子比特系统开始获得更快的发展,每年都能使量子比特的数量翻倍。如果这种发展趋势得到延续,那么 2019 年将能研制出 40~50 量子比特的系统,平均误码率低于 5%。再过几年,随着数据点的增加,我们将能提升对未来趋势进行预测的能力。

如图 7.3 所示的是相同的数据点,但 y 轴是误码率,且用不同颜色来区分量子计算机的规模。从数据可以清楚地看到,双量子比特系统的误码率正稳步下降,大约每隔 1.5 到 2 年降低一半。具有更多量子比特的系统的误码率也更高,目前 20 量子比特系统的误码率是双量子比特系统的 10 倍(与 7 年前的双量子比特系统相当)。

需要注意的是,这种方式绘制的数据点的数量有限,部分原因是量子计算机原型设备的制造方可能没有公开可用于比较的数据。对于指标 1 来说更重要的是,在一台设备上同时对单量子比特门和双量子比特门进行随机基准测试以统计有效误码率,因此,更多的数据点将有助于进行趋势验证和设备比较。

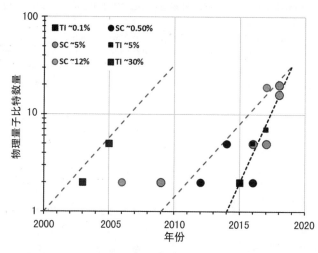

图 7.2　超导(SC)和囚禁离子(TI)量子计算机中的量子比特数量与年份的关系。对垂直轴的物理量子比特数量取对数即为 **0,1,2**。囚禁离子量子计算机的数据用正方形点表示，超导量子计算机的数据用圆形点表示。已知的双量子比特门误码率的近似平均值用不同颜色表示，相同颜色的点具有相似的误码率。灰色虚线表示量子比特数量的增长趋势，从 **2000** 年和 **2009** 年的一个量子比特开始，量子比特的数量每隔 **2** 年翻一番。黑色虚线表示，从 **2014** 年的一个量子比特开始，量子比特的数量每隔 **1** 年翻一番。近期超导量子计算机的量子比特数量增长率接近每隔 **1** 年翻一番。如果这个速度得到延续，那么 **2019** 年将能研制出 **50** 比特量子计算机，误码率低于 **5％**

资料来源：H. Häffner, W. Hänsel, C.F. Roos, J. Benhelm, D. Chek-al-kar, M. Chwalla, T. Körber, et al., 2005, Scalable multiparticle entanglement of trapped ions, Nature 438：643 – 646, https://quantumoptics.at/images/publications/papers/nature05_haeffner.pdf;

D. Leibfried, B. DeMarco, V. Meyer, D. Lucas, M. Barrett, J. Britton, W.M. Itano, B. Jelenkovic, C. Langer, T. Rosenband, and D.J. Wineland, 2003, Experimental demonstration of a robust, high-fidelity geometric two ion-qubit phase gate, Nature422：412-415, https://ws680.nist.gov/publication/get_pdf.cfm? pub_id＝104991; F. Schmidt-Kaler, H. Häffner, M. Riebe, S. Gulde, G.P.T. Lancaster, T. Deuschle, C. Becher, C.F. Roos, J. Eschner, and R. Blatt, 2003, Realization of the Cirac-Zoller controlled-NOT quantum gate, Nature 422：408 – 411, https://quantumoptics.at/images/publications/papers/nature03_fsk.pdf;

M.Steffen, M. Ansmann, R.C. Bialczak, N. Katz, E. Lucero, R. McDermott, M. Neeley, E.M. Weig, A. N. Cleland, and J.M. Martinis, 2006, Measurement of the entanglement of two superconducting qubits via state tomography, Science, 313：1423-1425;

L. DiCarlo, J.M. Chow, J.M. Gambetta, L.S. Bishop, B.R. Johnson, D.I. Schuster, J. Majer, A. Blais, L. Frunzio, S. M. Girvin, and R. J. Schoelkopf, 2009, Demonstration of two-qubit algorithms with a superconducting quantum processor, Nature 460：240-244;

J.M. Chow, J. M. Gambetta, A.D. Córcoles, S. T. Merkel, J. A. Smolin, C. Rigetti, S. Poletto, G. A. Keefe, M.B. Rothwell, J.R. Rozen, M.B. Ketchen, and M. Steffen, 2012, Universal quantum gate set approaching fault-tolerant thresholds with superconducting qubits, Physical Review Letters109：060501;

S. Sheldon, E.Magesan, J.M. Chow, and J.M. Gambetta, 2016, Procedure for systematically tuning up cross-talk in the cross-resonance gate, Physical Review A 93：060302(R);

J.P. Gaebler, T.R. Tan, Y. Lin, Y. Wan, R. Bowler, A.C. Keith, S. Glancy, K. Coakley, E. Knill, D.

Leibfried, and D.J. Wineland, 2016, High-fidelity universal gate set for 9Be+ ion qubits, Physical Review Letters 117:060505;

C.J. Ballance, T.P. Harty, N.M. Linke, M.A. Sepiol, and D.M. Lucas, 2016, High-fidelity quantum logic gates using trapped-ion hyperfine qubits, Physical Review Letters 117:060504, https://journals.aps.org/prl/pdf/10.1103/PhysRevLett.117.060504;

S. Debnath, N.M.Linke, C. Figgatt, K.A. Landsman, K. Wright, and C. Monroe, 2016, Demonstration of a small programmable quantum computer with atomic qubits, Nature 536:63-66, http://www.pnas.org/content/114/13/3305.full;

IBM Q Experience, https://quantumexperience.ng.bluemix.net/qx/devices.

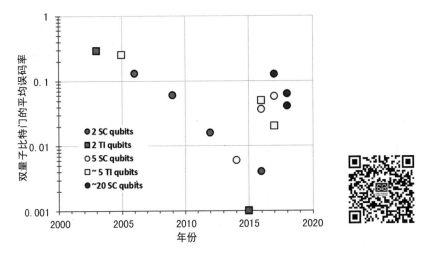

图 7.3　囚禁离子和超导量子计算机中的双量子比特门的平均误码率。囚禁离子量子计算机用正方形点表示,超导量子计算机用圆形点表示。不同颜色的点表示不同量子计算机的规模。每隔 1.5 年(囚禁离子)到 2 年(超导),两种量子计算机的误码率大约降低一半。大型量子计算机(约 20 个量子比特)的误码率与 7 至 8 年前的双量子比特计算机相当。目前没有足够的数据可用于估计这些较大型的量子计算机的误码率的改进速度

资料来源:与图 7.2 相同。

　　本章将量子比特的数量翻倍所需的时间或者将当前最先进的实用量子计算机系统的误码率降低一半所需的时间来作为反映量子计算机进展的里程碑。假定在 2018 年系统的物理量子比特的数量为 2^4 个,误码率为 5%。

　　量子计算机的性能取决于量子比特的数量和质量,这些量子比特可以通过本节定义的指标、门的速度以及连接度来对其进行监测。与经典计算机类似,不同的量子计算机运行的时钟速率不同,使用的量子门并行级别不同,支持的基本门运算不同。能够运行任意应用的量子计算机支持一组通用的基本运算,其中有许多不同的运算集。应用的执行效率取决于量子数据层支持的运算集,以及软件编

译系统优化该量子计算机应用的能力。

为了监测软件系统的质量和量子数据层的底层运算,可以将一组简单的基准应用标准化,用于测量任意规模量子计算机的性能和保真度。但是,由于完成一项特定任务需要许多基本运算,因此可能单个基本运算的速度或质量并不是系统整体性能的合理标准。应用的基准测试性能可以更好地比较量子计算机的不同基本运算。

随着量子计算机性能和复杂度的提高,需要定期更新基准应用。这样一组不断发展的基准应用类似于标准性能评估公司的基准应用套件[9],几十年来人们一直将其用于经典计算机的性能比较。该套件最初是一组简单的常用程序,随着时间的推移,套件也发生了变化,从而更加准确地表示当前应用的计算负载。由于近期量子计算机的计算能力有限,因此,很明显一开始这些应用会相对简单,包含一组常见的基本运算,包括量子纠错,可以针对不同规模的量子计算机进行扩展。

重要发现 5: 如果研究界确定会将成果公开,我们就能比较不同的设备,应用本报告中提出的指标,那么该领域的研究现状将更容易监测。通过一组基准测试应用在不同量子计算机之间进行比较,有助于提高量子计算机软件的效率和底层硬件的体系结构。

7.3　里程碑与时间估计

一台大型、完全纠错的量子计算机需要逻辑(纠错)量子比特,其数量可以扩展至数千个,软件基础设施可以帮助程序员有效地利用该量子计算机来解决他们的问题。通过一组复杂的量子计算机可以逐步实现这个目标。这类里程碑系统可用于监测量子计算的进展,同时它们也依赖于硬件、软件和算法的进步。如前一节所述,早期的算法研究对于推动量子生态系统的发展至关重要,硬件研究则有助于增加物理量子比特的数量、提高量子比特的保真度。软件与量子纠错的改进也将减少每个应用所需的物理量子比特数量。量子计算发展的里程碑如图 7.4 所示,后续各节将介绍制造这些量子计算机需要克服的主要技术挑战。

7.3.1　小型(十余个量子比特)量子计算机(里程碑 G1)

量子计算机的第一个基准是数字(基于门)量子计算机,包含约 2^4 个量子比特,平均的门误码率高于 5%,于 2017 年问世。本报告撰写之时,最大型的基于

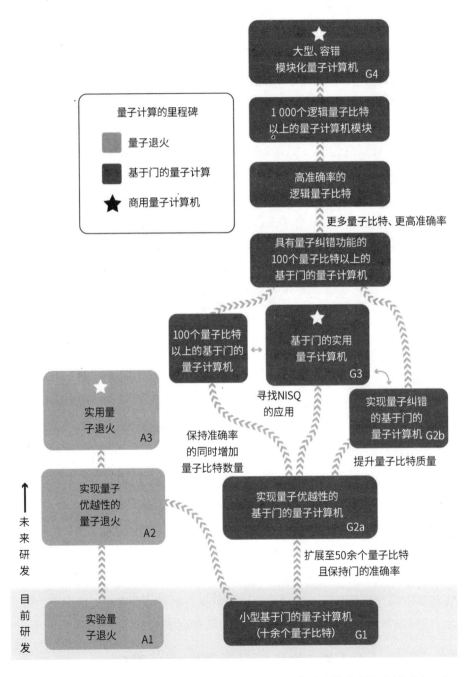

图 7.4 量子计算发展的里程碑。里程碑的顺序与委员会认为的实现顺序相对应。但是,也许有些里程碑无法实现,或者不是按照图中所示的顺序实现

门的量子计算机是 IBM Q[10] 的一个 20 量子比特系统,平均的双量子比特门误码率约为 5%。其他大学的研究团队和商业公司也有采用类似方法的系统[11]。这类系统的控制层以及控制处理器都处于室温,控制信号通过低温恒温器流向量子层。离子阱量子计算机的规模与之类似。2017 年,马里兰大学的一篇论文介绍了一个 7 比特系统,其中 2 比特误码率为 1%～2%[12],因斯布鲁克大学的一篇论文介绍了一个 20 比特系统[13]。因斯布鲁克大学的系统采用的不是传统的基于量子门的方法,因此很难获得门误码率,但这一成果演示了囚禁离子量子计算机的扩展过程。

7.3.2 基于门的量子优越性(里程碑 G2a)

量子计算机的下一个标准是量子优越性,也就是说,它可以完成一些目前的经典计算机无法完成的任务(可能有实际意义,也可能没有)。根据目前文献推断,需要实现 50 个量子比特以上的量子计算机,平均门误码率约为 0.1%。然而,该目标不是一成不变的,因为研究人员在不断改进量子计算机,使其超越经典计算机。为了粗略估计经典计算机的极限,研究人员对经典计算机所能模拟的最大规模的量子计算机进行了测试。近期,研究人员改进了模拟量子计算机的经典算法,这种改进在一定程度上能够提升性能,但无法提升若干个数量级[14]。

这类量子计算机需要在 2017 年的量子计算机的基础上提升 2 个数量级(约 4 倍),平均门误码率至少下降 1 个数量级。一些公司正在积极设计、制造能够达到该目标的量子计算机,其中有公司宣称制造出了超导芯片,量子比特数量达到新高。然而,截至本报告撰写之时,尚没有实现量子优越性,也没有公开发布使用这种量子数据层的系统[15]。

实现这一里程碑需要增加量子比特的数量,并不需要任何新的制造技术。在超导和囚禁离子量子比特阵列的制造过程中可以很容易地将更多的量子比特添加进设备的量子数据层。随着量子比特数量和相关控制信号的增加,维持、改进量子比特和量子比特运算的质量是一项挑战。这一挑战包含两个因素。第一,由于制造的每个量子比特(在囚禁离子计算机中是指包含或驱动量子比特的电极和光耦)与其相邻的量子比特稍有不同,随着量子比特数量的增加,量子比特间的预计差异也会增加。第二,这些添加的量子比特需要额外的控制信号,增加了串扰噪声的可能性。因此,主要的困难在于如何通过精细设计和校准来缓和这些新增的"噪声"源。随着系统规模的增大,这个问题将变得更加困难,而校准的质量将影响最终系统的量子比特保真度,并决定何时能够实现量子优越性。如第 3 章所述,2018 年一些公司正在尝试实现量子优越性。

量子优越性的实现需要一个任务,这个任务在经典计算机上很难执行但在量子数据层上却容易计算。由于这个任务并不一定要有实际意义,因此可选的任务数量相当多。如第 3 章所述,相关应用已经确定,因此,为这一特定目标开发基准应用不会推迟该里程碑的实现时间。

7.3.3 基于量子退火的量子优越性(里程碑 A2)

如第 3 章所述,虽然第 5 章和第 6 章侧重于基于门的量子计算,但量子计算并不一定都是基于门的。2011 年以来,D-Wave 公司一直在生产、销售基于量子比特的超导量子退火机。这类系统引起了研究人员的极大兴趣,他们发表的一些论文显示,系统能够提升特定应用的性能。近期研究[16]表明,通常可以根据特定问题的具体情况对经典计算机的算法进行优化,从而使经典计算机的性能优于量子退火机。目前尚不清楚,这些结果是否说明当前 D-Wave 体系结构(量子比特如何连接)和量子比特保真度存在局限性,或者说是否是量子退火的基本参数。因此,一个关键的进展基准是实现量子优越性的量子退火机。

要达到这一里程碑,比简单地增加量子比特数量和提高其保真度更具挑战性,因为待解决的问题要与退火机的体系结构相匹配,因此估计该里程碑的实现时间非常困难。由于这些问题难以进行理论分析,因此设计者需要测试不同的问题、不同的体系结构,从而找到合适的问题。即使发现了一个问题能够实现明显的量子加速求解,也无法排除该问题存在更好的经典计算方法的可能性,而一个更好的经典方法会否定所有的 D-Wave 量子加速求解。在一个具体的综合基准问题中,D-Wave 的性能与最佳经典方法的性能大致相当[17],但是当经典方法使用更快的 CPU 或 GPU 时,其性能将超过量子退火机。由于难以正式证明量子退火机的优越性,因此,如果到 21 世纪 20 年代初还没有实现该里程碑,那么研究人员可能会转而研究更具体的问题,即制造一台能够执行有用任务的量子退火机。这种实现量子优越性的方式更为直接。

7.3.4 成功实现量子纠错的大型量子计算机(里程碑 G2b)

尽管囚禁离子和超导量子比特都实现了量子比特误码率低于纠错所需的值,但是这些门误码率尚未在数十个量子比特的系统中实现,早期的量子计算机也无法在计算过程中测量单个量子比特。因此,制造一台能够成功运行量子纠错的量子计算机,且生成一个或多个逻辑量子比特,其误码率比物理量子比特更好,是一个重要的里程碑。该里程碑不仅展示了系统制造的能力(系统所有门的误码率都低于纠错阈值),而且量子纠错码也可以有效纠正量子计算机使用的量子数据层上的误码。软件和算法设计者还将针对误码,进一步优化这种量子计算机的量子纠错码。

当实现基于门的量子优越性时,可能达到该里程碑,因为量子计算机的规模需要足够大,且误码率需要足够低,才能使用量子纠错。取得这些进展的时间顺序取决于实现量子优越性所需的精确误码率,RBM 测试的量子纠错要求有效误码率远低于 1%[18]。

如本章开头所述,这个里程碑也很重要,因为一旦实现,就可以采用逻辑量子比特的数量来监测后续的量子计算机扩展速度,而不是物理量子比特的数量及其误码率。根据委员会的评估,21 世纪 20 年代初,学术界或私企可能会制造出这种规模的量子计算机。

可以通过两个方面的工作来实现逻辑量子比特数量的扩展。一方面是采用当前最好的量子比特设计,重点是在保持或降低量子比特误码率的同时,扩展系统中物理量子比特的数量。这项任务的挑战在于控制层的扩展,在不断增长的控制信号和量子数据层之间提供足够的控制带宽和隔离,寻找方法来校准这些日益复杂的系统。这些挑战的解决将推动系统设计和扩展问题的研究。

另一方面是探索改变量子比特或系统设计的方法,从而降低误码率。将重点放在小型系统上,便于分析。成功降低误码率的方法可以应用到更大型系统的设计中。例如,无退相干的子空间和无噪声的基于子系统的方法有助于改进量子比特和门的误码率。另一种有潜力的方法是,当这些技术出现或者进行改进时,考虑具有自然纠错能力的系统,例如第 5 章中所述的基于非阿贝尔任意子的拓扑量子比特。虽然通过量子纠错可以实现质量的改进,表明有可能生成逻辑量子比特,然而量子纠错的开销严重依赖于物理系统的误码率,如图 7.1 所示。要实现能够扩展至数千个逻辑量子比特的纠错量子计算机,需要在这两个方面进行改进。

7.3.5　商用量子计算机(里程碑 A3 和 G3)

本章前文提到,近期的进展和未来几年实现量子优越性的可能,会令人们产生足够的兴趣，推动量子计算的投资并扩展至 21 世纪 20 年代初。此时需要进一步的投资才能继续发展至 21 世纪 20 年代末，这项投资依赖商业用途的实现，也就是说，相比经典计算机，量子计算机可以更有效地执行一些具有商业价值的任务。因此，下一个重要的里程碑是制造一台具有商业需求的量子计算机，从而开启量子计算的良性循环。

该计算机可以是基于门的，也可以是模拟量子计算机。如第 3 章所述，这两种量子计算机的基本组件（量子比特）以及这些量子比特相互作用的方法都相同，因此增加用于制造任意一种计算机的资源，都会使整个量子计算生态系统受益。

许多团队都在努力解决这个问题，他们开放了基于网络的对现有量子计算机的访问，使更多的人能够探索不同的应用，创造更好的软件开发环境，探索物理和化学问题，这些问题似乎十分适用于这些早期的量子计算机。如果数字量子计算机以每年量子比特数量翻一番的惊人速度发展，那么大约五年就可以实现数百个物理量子比特，但这个数量仍然无法支持一个完整的逻辑量子比特。因此，需要为嘈杂中型量子计算机找到一项实用应用，以促进良性循环。该里程碑的实现时间不仅取决于量子设备的扩展，还取决于能否找到一个可以在嘈杂中型量子计算机上运行的应用。因此，实现的时间更难以预测。

7.3.6　大型模块化量子计算机(里程碑 G4)

发展到一定时间，第 5 章讨论的当前扩展量子比特的方法将达到现实的极限。对于基于门的量子计算机中的超导量子比特，达到某种规模的设备所需的控制导线将无法进行运算，尤其是通过该设备所在的低温恒温器。通过将控制层和量子比特层集成，超导量子比特退火机解决了这个问题，其代价是在一定程度上降低了量子比特的保真度。通过一些工程方法可以为基于门的系统提供信息。对于囚禁离子，则表现为用于传送控制信号的光学系统十分复杂，或是随着离子晶体的增大，自由控制运动离子存在现实困难。当物理量子比特数量增长至 1 000 比特左右时(翻六番)，基于门的超导和囚禁离子技术都可能达到这类极限。所有的大型工程系统也会出现类似的极限。因此，许多复杂系统采用模块化设计方法，即通过连接若干独立的、且通常相同的模块来得到最终的系统，每个模块则往往由一组更小的模块组成。如图 7.5 所示的方法，是通过增加量子计算机包含的量子数据层的模块数量，来扩展计算机中的量子比特数量。

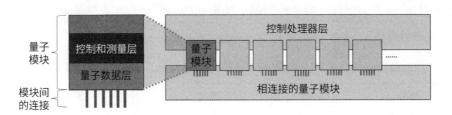

图 7.5 大规模、容错量子计算机的模块化设计方法示意图。该图只是设备抽象,并不代表任何物理设备的布局,最终取决于特定的技术和实现。每个量子模块都由各自的数据层与控制和测量层组成,并与控制处理器层交互

在制造出这种大型量子计算机之前,需要解决大量的系统问题。首先,由于空间的限制,需要像大型量子退火机一样,将控制和测量层集成到量子模块中,以实现冷控制电子器件(以增加噪声为代价)。其次,还需要考虑调试、修复单个模块的方法,因为大型量子计算机的某些模块可能会损坏。对于在超低温下运行的系统,故障模块需要加热、修复以及再次冷却,这是一个时间、能量密集型的过程,可能会损坏整个量子计算机。除了这些模块级以及系统级的挑战外,还需要解决两项相关联的重大挑战,才能实现这种模块化设计。第一项挑战是建立一种鲁棒的机制,以低误码率连接不同模块中的量子态,因为不同模块间的量子比特需要支持门运算。第二项挑战是将制造量子计算机的成本降至最低的同时,创建互连的体系结构和模块,因为模块间的连接很难实现足够低的误码率。由于任意一台纠错量子计算机上运行的主要算法是量子纠错,因此要想有效执行量子纠错,需要在设计上付出许多代价。最后,这类系统很可能是大型、能量密集型的。因此,现在考虑如何克服这些挑战还为时过早,因为近期进展的直接瓶颈仍然是其他方面的难题。

7.3.7 关于里程碑的总结

制造出一台能够运行破解 RSA 2048 的肖尔算法、高级量子化学计算,或者其他实际应用的大型、容错量子计算机可能还需要 10 年以上。这种量子计算机大约需要将物理量子比特的数量增加 2^{16} 倍,将量子比特的误码率降低至原先的 $1/2^9$。本章介绍的量子比特指标和量子计算里程碑有助于监测这个方向的目标进展。随着实验数据越来越多,可以利用得到的指标来对未来量子计算机的量子比特数量、误码率,以及随后的逻辑量子比特数量进行近期预测。对于监测一些可能影响进展速度的更大的问题,这些里程碑将非常有用,因为这些问题代表制

造大型、容错量子计算机需要跨越的一些更大的障碍。表 7.1 对量子计算机里程碑、所需的改进，以及时间信息进行了总结。

表 7.1　实现大型、通用、容错量子计算机的关键里程碑

里程碑	所需的技术改进	预计时间
A1——实验量子退火	无	已有类型
G1——小型量子计算机（十余个量子比特）	无	已有类型
G2a——实现量子优越性的基于门的量子计算机	● 实现 100 个量子比特以上的系统（比 G1 类型量子计算机的量子比特数量增加约 4 倍） ● 将平均误码率降至 0.5% 以下（为 G1 类型量子计算机的误码率的 1/10） ● 找到一个在经典计算机上很难执行但在量子计算机上容易计算的任务 ● 验证结果的准确性，看看在经典计算机上是否有更好的方法	2018 年，研究人员正在努力制造这种量子计算机。预计这种机器将在 21 世纪 20 年代初问世，但确切的时间无法确定。问世的时间取决于硬件的进展和利用经典硬件模拟这类量子计算机的能力
A2——实现量子优越性的量子退火	● 确定适合系统体系结构的基准问题 ● 执行经典计算机上无法完成的基准任务 ● 如果是新基准，则鼓励为经典计算机提供更好的算法，比最佳的经典方法更优 ● 验证结果的准确性	未知
G2b——实现量子纠错的量子计算机（改进量子比特质量）	● 使用与 G2a 相同的物理硬件，可能误码率更低 ● 创建能够实现实时量子纠错的软件/控制处理器/控制和测量层 ● 利用测量得到的信息来改进量子纠错的运行 ● 实现纠错量子比特	与 G2a 量子计算机的问世时间相似。如果继续改进经典计算机的模拟技术，则可能会更早出现
A3/G3——商用量子计算机	● 相比传统计算机，找到嘈杂中型量子计算机能够更有效执行的实用任务 ● 优化相应的量子算法以提高所使用物理设备的效率	如果该里程碑无法在 21 世纪 20 年代中后期实现，那么量子计算机的资助可能会受到影响。实际问世时间取决于应用，目前尚不明确
G4——大型（1 000 量子比特以上）、容错、模块化量子计算机	● 开发一种模块化的结构方法，克服多量子比特系统的物理障碍 ● 建立模块间的通信和连接机制	问世时间未知，因为当前的研究重点是实现鲁棒的内部逻辑，而不是连接模块

7.4　量子计算的研发

无论可扩展量子计算机的确切问世时间和前景如何,投资量子计算的研发有许多令人信服的理由,且这种投资正变得越来越全球化。量子计算机是量子技术这个更大领域的一个方面(也许是最复杂的)。由于量子技术的不同领域使用的是相同的硬件组件、分析方法及算法,且一个领域的进步往往会被另一个领域所利用,因此所有量子技术的投资往往混合在一起。一般来说,量子技术包括量子传感、量子通信以及量子计算。本节对这一领域的研究经费、这项研究的益处进行了探讨。

7.4.1　全球研究概览

美国在量子信息科学和技术方面的公共资助研发工作主要包括:基础研究项目和工程量子设备的原理验证。近期美国国家科学基金会(NSF)和美国能源部(DOE)提出方案,加入了其他研究资助机构,包括:美国国家标准与技术研究所(NIST)、美国情报高级研究项目(IARPA)及美国国防部(DOD)。美国国防部的研究机构则包括美国空军科学研究办公室(AFOSR)、美国海军研究办公室(ONR)、美国陆军研究办公室(ARO)以及美国国防高级研究计划局(DARPA)。目前,美国的一些国家实验室和非营利组织在量子计算方面付出了巨大的努力[19]。由于研究人员对量子工程和技术行业的兴趣与日俱增,因此这些领域的公共投资正在提升,包括大型上市公司的投资[20]。许多私人投资的初创公司成立,并在该领域不断取得发展[21]。

不仅美国在量子科学和技术方面投入了大量的研发,全球的研发工作也是如此。2015 年,麦肯锡公司的一份报告认为,全球公开的量子技术研发投资为15 亿欧元(18 亿美元),如图 7.6 所示。

值得注意的是,近期各国公布了一些国家级的量子信息科学与技术项目方案(QIST),全球的研发资金总额将会增加,可能会在未来几年改变当前的研究现状。表 7.2 进行了总结,并在附录 E 中进行了描述,这些方案反映了各国政府致力于争夺量子信息科学与技术的领导者地位。总的来说,这些方案包含了许多的子领域,而不仅仅是量子计算。截至本报告撰写之时,美国已经发布了量子信息科学国家战略概述,强调科学优先的研发方法,建设未来的研究团队,深化与工业接轨,提供关键的基础设施,维护国家安全和经济增长,推进国际合作[22]。美国参议院和众议院提出并推进了几项有关国家量子计划的立法。

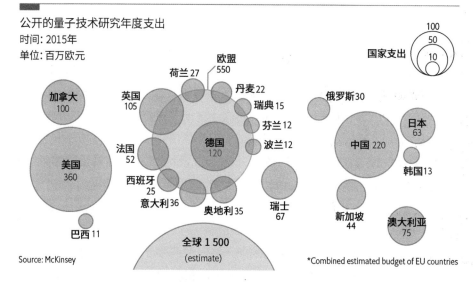

公开的量子技术研究年度支出
时间：2015年
单位：百万欧元

国家支出

加拿大 100
荷兰 27
欧盟 550
英国 105
丹麦 22
瑞典 15
芬兰 12
波兰 12
德国 120
俄罗斯 30
日本 63
中国 220
韩国 13
法国 52
美国 360
西班牙 25
意大利 36
奥地利 35
瑞士 67
新加坡 44
澳大利亚 75
巴西 11
全球 1 500 (estimate)

Source: McKinsey

*Combined estimated budget of EU countries

图 7.6　截至 2015 年，各国公开的量子技术研究方面的年度支出（单位：百万欧元）。根据近期公布的国家研发计划（截至 2018 年），预计投资额见表 7.2

资料来源：《经济学人》，麦肯锡公司数据。经《经济学人》许可转载，摘自 2017 年 3 月 9 日的"量子计算时代的开始"。

表 7.2　截至 2018 年，各国公开宣布的量子科技研发的国家、国际方案

国家	方案	宣布时间	投资及时间	范围
英国	英国国家量子技术计划	2013 年	从 2014 年开始，5 年内投资 2.7 亿英镑（3.58 亿美元）	传感器和计量学、量子增强成像（QuantIC）、网络量子信息技术（NQIT）、量子通信技术
欧盟	旗舰量子技术	2016 年	10 年共投资 10 亿欧元（11 亿美元），筹备工作正在进行，预计于 2018 年启动	量子通信、计量和传感、模拟、计算和基础科学
澳大利亚	澳大利亚量子计算与通信技术中心	2017 年	7 年共投资 3 370 万澳元（2 511 万美元）	量子通信、光量子计算、硅子计算、量子资源与集成
瑞典	瓦伦堡量子技术中心	2017 年	投资 10 亿瑞典克朗（1.1 亿美元）	量子计算机、量子模拟器、量子通信、量子传感（由工业界和私人基金会资助）
中国	量子信息科学国家实验室	2017 年	2.5 年内竣工，投资 760 亿元人民币（114 亿美元）	量子研究中心设施

7.4.2　量子计算研发的重要性

制造出一台量子计算机,可以高效执行经典计算机无法完成的任务,这一前景十分引人注目(即使仍很遥远,且无法确定是否能够实现)。除了潜在的实际应用之外,量子计算的目标还包括以前所未有的程度来利用和控制量子世界,生成人类以前从未实现的状态空间,即"纠缠前沿"。这项工作不仅需要大量的工程来创造、控制、运算低噪声的纠缠量子系统,而且也能推动我们认知边界的发展。

随着量子计算机的日趋成熟,将可以直接检验其工作原理的理论预测,以及可能的量子控制类型。例如,量子优越性实验是量子力学理论在高度复杂系统下的一种基本检验。在量子计算机的研发过程中对其性能的观察和实验,将有助于阐明量子理论的深刻基础,促进量子理论的发展和完善,从而可能会有意想不到的发现。

更重要的是,量子信息理论和量子计算理论的发展已经开始影响到物理学的其他领域。例如,量子纠错理论,运用这一理论才能实现容错量子计算机,该理论已经被证明是量子引力和黑洞的研究基础[23]。此外,量子信息理论和量子复杂性理论可以直接用于量子多体物理,该领域研究的是多量子粒子系统动力学[24]。量子理论的进展是准确理解大多数物理系统的关键。

量子计算机的理论和设备的进步,不仅离不开物理学,也离不开物理学以外的许多领域,包括数学、计算机科学、材料科学、化学以及多个工程领域等。将制造和利用量子计算机所需的知识整合起来,需要多个传统学科的协作。各个学科知识的交叉融合可以产生新的知识,发现更多未解决的问题,激发新的研究领域。

具体来说,量子计算机所需的量子算法的设计工作可以推进计算的基础理论。迄今为止,通过多种机制,量子计算的众多研究成果直接促进了经典计算的发展。首先,在某些情况下,用于开发量子算法的方法可以用于经典算法,从而改进了经典方法[25-27]。其次,量子算法研究已获得了新的基本证明,回答了之前计算机科学中未解决的问题[28-31]。最后,量子计算的进展会成为经典算法研究人员的独特动力来源,有效的量子算法会推动某些效率更高的经典算法的研究发展[32-35]。因此,量子计算的基础研究有望继续推动经典计算的进展,例如用于评估密码系统的安全性、阐明物理计算的极限,以及改进计算科学的方法。

技术的进步总是与基础研究相辅相成的,因为新的先进工具和方法的发明使得科学家可以进入以前无法进入的领域,从而得到新的发现。例如,冷却技术的进步带来了超导现象的发现，LIGO 的高端光学干涉仪工程实现了引力波的观测，高性能粒子加速器工程带来了夸克和轻子的发现。因此，类似地，无论是量子计算机的组件技术还是量子计算机本身，研发出来的技术能够在物理、化学、生物化学及材料科学等多项学科中促成新的发现和进展，同时这些发现和进展又推动了未来技术的进步。与所有基础科学和工程一样，这项工作的未来影响难以预测，但它们可能带来革命性的变化和显著的经济效益。

重要发现 6：量子计算对于推动基础性研究具有重要价值，这些研究有助于提升人类对未知世界的理解和认识。与所有的基础性研究一样，该领域的进展可能会带来变革性的新知识和新应用。

除了基础研究领域的优势外，量子计算研发是推动量子信息科学（QIS）领域获得更广泛进展的关键因素，且与量子技术其他领域的进展密切相关。将目前量子计算使用的同样类型的量子比特用来制造精密时钟、磁力仪以及惯性传感器，这些应用有可能在近期内实现。量子通信对量子计算机中的模块内通信、模块间通信来说都很重要，其本身也是一个充满活力的研究领域。近期的进展包括：光子介导的远程量子节点间的纠缠分布，在宏观距离上进行的基本科学测试，以及在多台量子计算机之间建立量子连接的方法。

迈向更大规模的量子计算机，需要改进量子的控制和测量方法，这对其他量子技术也有益处。例如，为测量量子计算机系统中的超导量子比特，近期在微波领域研发的高级有限量子参量放大器，其用于测量微波场的非经典态（如压缩态）的灵敏度达到了前所未有的水平。研究人员对其进行了广泛的探索，以获得超出传感和计量标准极限的灵敏度[36-37]。实际上，量子计算和量子信息科学的成果已经为其他量子领域带来了有价值的技术，如量子逻辑光谱学[38]和电磁测量学[39]。

重要发现 7：尽管大型量子计算机的可行性尚不能确定，但实用量子计算机的开发会带来巨大的收益，而且这些益处可能会延伸到量子信息技术的其他近期应用，例如基于量子比特的传感技术。

量子计算的研究对国家安全的意义不言而喻。即使制造一台实用量子计算机的可能性很低，但由于该领域的吸引力和进展，部分国家可能会进一步开发该技术。因此，所有国家都必须提前应对未来性能日益增长的量子计算机。它对当前非对称加密所构成的威胁是显而易见的，这种威胁正在推动非对称加密向第 4 章所述的后量子加密过渡。

任何持有大型、实用量子计算机的攻击者都能破译当今的非对称加密机制，从而获得显著的通信情报优势。虽然在政府和民用系统中部署后量子加密技术有助于保护后续的通信,但无法保护已被对方截获或渗透的通信和数据。在后量子时代使用量子预加密的数据对于情报行动十分有益,但其价值会随着大型量子计算机问世时间的不断临近而降低。此外,新的量子算法或工具会带来新的密码破译技术;与一般的网络安全一样,对后量子攻击的抵抗能力需要持续的安全研究。

但国家安全方面的影响比这些问题更重要。一个更大的战略问题是关于未来的经济和技术领导能力。和其他一些基础研究领域一样,量子计算可能会给许多不同的行业带来巨大的变化。其原因很简单:经典计算机的进步使得计算基本成为每个行业的重要组成部分。这种关系意味着,计算的任何进展都可能产生无与伦比的广泛影响。尽管不能确定何时,或者是否会出现这种变化,但美国需要在变化发生时做好准备,利用这种进展,并以负责任的方式推动未来发展,这一点具有重要的战略意义。要具备这一能力,需要在该领域的最前沿拥有强大的研究团体,实现跨学科跨机构的参与,并充分利用该领域的进展,无论这些进展来自何处。因此,建立和维持强大的量子计算机研究团队是实现这一目标的关键。

重要发现 8:虽然美国在发展量子技术方面曾处于领先地位,但现在的量子信息科学与技术是一个全球性领域。由于其他一些国家近期进行了大量的资金投入,因此如果美国要想保持其领导地位,则需要美国政府的持续资助。

7.4.3　开放的生态系统

过去,公开的量子计算社区一直处于协作状态,成果是公开共享的。近期形成的几个用户社区共享基于门和退火机的量子计算机原型,可以通过远程或云来访问。例如,2011 年建立的 USC 洛克希德马丁量子计算中心是首个共享用户设备,具有 128 量子比特的 D-Wave One 系统,目前运行的是 D-Wave 2X 系统。另一个共享用户设备是 2013 年在艾姆斯研究中心制造的 512 比特 D-Wave 2 量子退火系统,还有一个是洛斯阿拉莫斯国家实验室量子研究所制造的 D-Wave 2X 量子退火系统。在数字量子计算机方面,Rigetti 和 IBM 都提供了基于门的计算机的网络访问。任何对在真实设备上实现量子力学逻辑感兴趣的人(例如,学生、研究人员、民众)都可以创建一个账户,并在一个系统上进行远程实验,条件是将他们的实验结果公开,从而帮助人们提升相关知识,掌握这种硬件的编程方法。这些合作已经产生了数十篇研究论文[40]。

量子计算的开源研发并不仅限于硬件。研究人员正在开发、授权许多开源模式的支持量子计算的软件系统，用户可以免费使用并帮助改进代码[41]。许多新兴的量子软件开发平台致力于开源环境。支持开源的量子计算研发有助于建立全球的合作社区与生态系统，其成果和进展可以实现相互促进。如果这种现象保持下去，该生态系统将会使量子科学和工程领域的发现（包括物理、数学和计算等其他领域）推动基础科学的进步，增加人类对物理世界组成部分的理解。

与此同时，量子计算领域的全球竞争日益激烈。如前一节所述，包括中国、英国、欧盟和澳大利亚在内的国家和组织已宣布了一些大型研究计划或项目，以支持这项工作，目标是成为该技术的领导者。国家、私企等实体之间争夺量子计算领导者地位的竞争加剧，会导致该领域在发表、共享研究成果方面的开放性降低。虽然企业希望保留一些知识产权，不会将所有成果公开，这也是合理的，但降低知识的开放流动会对实用技术和人力资本的发展产生抑制作用。

重要发现 9：*一个知识共享的开放生态系统，将加速技术的快速发展。*

7.5　面向成功的未来

量子计算的未来前景令人兴奋，但要将其实现，还需要解决一些难题。本节介绍的是制造大型、容错量子计算机的最重要因素，最后列出了实现该目标的关键挑战。

7.5.1　制造量子计算机对网络安全的影响

制造大型通用量子计算机的主要风险在于：会将支撑当今大部分电子和信息基础设施安全的公钥加密机制摧毁。即使在最好的硬件上使用最知名的经典计算技术，也根本无法破译 2 048 比特的 RSA 加密，因为运行该任务需要的时间是数百万年[42]。另一方面，一台具有 2 500 个逻辑量子比特的通用量子计算机则可以在几个小时内完成该任务。如第 4 章所述，目前一些经典计算机上的协议能抵抗这种攻击，但是它们并没有得到广泛的部署使用。任何没有通过安全协议加密的存储数据和通信都会受到持有大型量子计算机的攻击者的攻击。如第 4 章所述，部署新的协议会相对容易，但替换旧的协议则非常困难，因为旧的协议可能存在于任意一台计算机、平板电脑、手机、汽车、Wi-Fi 接入点、电视盒以及 DVD 播放机中（还有数百种其他类型的设备，有些设备非常小、便宜）。由于替换的过程可能需要几十年的时间,因此需要在威胁出现之前尽早开始。

　　重要发现 10:即使未来十年内无法制造出一台能够破译当前密码的量子计算机,这种计算机的存在也具有严重的安全隐患,因为过渡到新的安全协议所需的时间非常长,具有不确定性。为将潜在的安全和隐私风险降至最低,最重要的是优先进行后量子密码的开发、规范和部署。

7.5.2　量子计算的未来展望

　　过去二十年来,我们对量子系统科学与工程的理解有了很大的提高。同时,我们对量子计算的基础——量子现象的控制能力也得到了提高。然而,要制造出具有实用价值的量子计算机,还有大量的工作要去做。经委员会评估,需要改进的关键技术有:

　　● 在多量子比特系统中将量子比特误码率降低到 10^{-3} 以下,用于实现量子纠错。

　　● 交替进行量子比特的测量和运算。

　　● 增加每个处理器的量子比特数量,同时保持、改进量子比特误码率。

　　● 开发量子程序的模拟、验证以及调试方法。

　　● 开发更多的算法来求解问题,特别是量子比特数量较低、电路深度较浅的算法,从而可以把嘈杂中型量子计算机利用起来。

　　● 改进或开发开销低的量子纠错码。问题不仅仅是每个逻辑量子比特的物理量子比特数量,还要找到方法,以降低在逻辑量子比特上进行某些运算产生的大量开销(例如,表面码的 T 门或其他非克利福德门,需要大量的量子比特和步骤才能实现)。

　　● 找到比经典算法更快的其他基础算法。

　　● 建立模块间的量子计算机输入/输出(I/O)。

　　虽然委员会预计能够取得进展,但很难预测未来进展会以什么样的方式、多快的速度出现。可能会是缓慢、渐进的进步,也可能会因意外的创新而带来爆炸性的进步(例如,"short read"机器的问世带来的是基因测序的快速改进)。研究团体开展这项工作的能力还依赖整个量子计算生态系统的状态,包括以下因素:

　　● 私企的投资力度,取决于:

　　① 商业基准评估的实现,特别是为嘈杂中型量子计算机开发出实用的近期应用,以维持私企的投资。

② 量子计算的算法以及任意规模量子计算机设备的市场化应用。

● 政府在量子技术和量子计算研发方面的充足资助,特别是在私企停止投资的情况下。

● 具有系统思维的多学科的科学家和工程师团队,从而推动研发的进展。

● 开放的研究界合作与交流。

随着时间的推移,通过监测本章前面定义的两个翻番指标的状态,可以对公开的技术难题和上述非技术因素的进展情况进行评估。无论本章中的里程碑何时(能否)实现,量子计算和量子技术的持续研发都有望拓展人类科学知识的边界,应该会带来有趣的新科学发现。即使结果并不乐观,例如量子优越性无法实现,或是今天对量子力学的描述不完整、不准确,也有助于更广泛地阐明量子信息技术和计算的局限性,而这本身就是一项突破性的发现。与所有的基础科学研究一样,未来的结果可能会改变我们对未知世界的理解。

7.6　参考文献

［1］参见：G. Kalai, 2011, "How QuantumComputers Fail：Quantum Codes, Correlations in Physical Systems, and Noise Accumulation," preprint arXiv：1106.0485.

［2］J. Preskill, 2018, "Quantum Computing in theNISQ Era and Beyond," preprint arXiv：1801.00862.

［3］Remarks from John Shalf, Gary Bronner, and NorbertHoltkamp, respectively, at the third open meeting of the Committee on Technical Assessment of the Feasibility and Implications of Quantum Computing.

［4］参见：A. Gregg, 2018, "Lockheed Martin Adds ＄100 Million to Its Technology Investment Fund," The Washington Post, https：//www.washingtonpost.com/business/economy/lockheed-martin-adds-100-million-to-its-technology-investment-fund/2018/06/10/0955e4ec-6a9e-11e8-bea7-c8eb28bc52b1_story.html；

M. Dery, 2018, "IBM Backs Australian Startup to Boost Quantum Computing Network," Create Digital, https：//www. createdigital. org. au/ibm-startup-quantum-computing-network/；

J. Tan, 2018, "IBM Sees Quantum Computing Going MainstreamWithin Five Years," CNBC, https：//www. cnbc. com/2018/03/30/ibm-sees-quantum-computing-going-mainstream-within-five-years.html；

R. Waters, 2018, "Microsoft and Google Preparefor Big Leaps in Quantum Computing,"

Financial Times, https://www. ft. com/content/4b40be6c-0181-11e8-9650-9c0ad-2d7c5b5；

R. Chirgwin, 2017, "Google, Volkswagen Spin Up Quantum Computing Partnership," The Register, https://www. theregister. co. uk/2017/11/08/google _ vw _ spin _ up _ quantum_computing_partnership/；

G. Nott, 2017, "Microsoft Forges Multi-Year, Multi-Million Dollar Quantum Deal with University of Sydney," CIO, https://www.cio. com. au/article/625233/microsoft-forges-multi-year-multi-million-dollar-quantum-computing-partnership-sydney-university/；

J. Vanian, 2017, "IBM Adds JPMorgan Chase, Barclays, Samsung to Quantum Computing Project," Fortune, http://fortune. com/2017/12/14/ibm-jpmorgan-chase-barclays-others-quantum-computing/；

J. Nicas, 2017, "How Google's Quantum Computer Could Change the World," Wall Street Journal, https://www. wsj. com/articles/how-googles-quantum-computer-could-change-the-world-1508158847；

Z. Thomas, 2016, "Quantum Computing: Game Changer or Security Threat?," BBC News, https://www.bbc.com/news/business-35886456；

N. Ungerleider, 2014, "IBM's ＄3 Billion Investment in Synthetic Brains and Quantum Computing, Fast Company, https://www. fastcompany. com/3032872/ibms-3-billion-investment-in-synthetic-brains-and-quantum-computing.

[5] Committee on Science, U. S. House of Representatives, 105th Congress, 1998, "Unlocking Our Future: Toward a New National Science Policy," Committee Print 105, http://www.gpo.gov/fdsys/pkg/GPO-CPRT-105hprt105-b/content-detail.html.

[6] L. M. Branscomb and P. E. Auerswald, 2002, "Between Invention and Innovation — An Analysis of Funding for Early-Stage Technology Development," NIST GCR 02 – 841, prepared for Economic Assessment Office Advanced Technology Program, National Institute of Standards and Technology, Gaithersburg, Md.

[7] 参见: Intel Corporation, 2018, "2018 CES: Intel Advances Quantum and Neuromorphic Computing Research," Intel Newsroom, https://newsroom. intel. com/news/intel-advances-quantum-neuromorphic-computing-research/；

Intel Corporation, 2017, "IBM Announces Advances to IBM Quantum Systems andEcosystems," IBM, https://www-03.ibm.com/press/us/en/pressrelease/53374.wss；

J. Kelly, 2018, "A Preview of Bristlecone, Google'sNew Quantum Processor," Google AI Blog, https://ai.googleblog.com/2018/03/a-preview-of-bristlecone-googles-new.html.

[8] Current performance profiles for IBM's two cloud-accessible 20-qubit devices are published

online：https://quantumexperience.ng.bluemix.net/qx/devices.

［9］见 Standard Performance Evaluation Corporation，https：//www.spec.org/.

［10］参见：B. Jones，2017，"20-Qubit IBM Q Quantum Computer Could Double Its Predecessor's Processing Power," Digital Trends，https：//www. digitaltrends. com/computing/ibm-q-20-qubits-quantum-computing/；

S.K. Moore，2017，"Intel Accelerates Its Quantum Computing Efforts With 17-Qubit Chip," IEEE Spectrum，https：//spectrum. ieee. org/tech-talk/computing/hardware/intel-accelerates-its-quantum-computing-efforts-with-17qubit-chip.

［11］参见：Rigetti，"Forest SDK," http：//www. rigetti.com/forest.

［12］N.M. Linke，S. Johri，C. Figgatt，K.A. Landsman，A.Y. Matsuura，and C. Monroe，2017，"Measuring the Renyi Entropy of a Two-Site Fermi-Hubbard Model on a Trapped Ion Quantum Computer," arXiv：1712.08581.

［13］N. Friis，O. Marty，C. Maier，C. Hempel，M. Holzapfel，P. Jurcevic，M.B. Plenio，M. Huber，C. Roos，R. Blatt，and B. Lanyon，2018，"Observation of Entangled States of a Fully Controlled 20-Qubit System," https：//arxiv.org/pdf/1711.11092.pdf.

［14］T. Simonite，2018，"Google，Alibaba SparOver Timeline For 'Quantum Supremacy,'" Wired，https：//www. wired. com/story/google-alibaba-spar-over-timeline-for-quantum-supremacy/.

［15］参见：J. Kahn，2017，"Google's 'Quantum Supremacy' Moment May Not Mean What You Think," Bloomberg，https：//www. bloomberg. com/news/articles/2017 - 10 - 26/google-s-quantum-supremacy-moment-may-not-mean-what-you-think；

P. Ball，2018，"The Era of Quantum Computing IsHere. Outlook：Cloudy," Quanta Magazine，https：//www. quantamagazine. org/the-era-of-quantum-computing-is-here-outlook-cloudy-20180124/.

［16］T.F. Rønnow，Z. Wang，J. Job，S. Boixo，S.V. Isakov，D. Wecker，J.M. Martinis，D.A. Lidar，and M. Troyer，2014，Defining and detecting quantum speedup，Science 345 (6195)：420-424.

［17］In this case，D-Wave demonstrated a constant speedup for an abstract problem optimized to the machine. See S. Mandrà and H.G. Katzgraber，2017，"A Deceptive Step Towards Quantum Speedup Detection," arXiv：1711.01368.

［18］A.G. Fowler，M. Mariantoni，J.M. Martinis，and A.N.Cleland，2012，"Surface Codes：Towards Partical Large-Scale Quantum Computation," https：//arxiv. org/ftp/arxiv/papers/1208/1208.0928.pdf.

［19］Quantum Computing Report，"Government/Non-Profit," https：//quantumcomputingreport.com/players/governmentnon-profit/.

[20] Quantum Computing Report, "Public Companies," https://quantumcomputingreport. com/players/public-companies/.

[21] Quantum Computing Report, "Private/Startup Companies," https://quantumcomputing-report.com/players/privatestartup/.

[22] Office of Science and Technology Policy, 2018, National Strategic Overview for Quantum Information Science, https://www. whitehouse. gov/wp-content/uploads/2018/09/National-Strategic-Overview-for-Quantum-Information-Science.pdf.

[23] D. Harlow, 2018, "TASI Lectures on the Emergence of Bulk Physics in AdS/CFT," arXiv: 1802.01040.

[24] G.K.L. Chan, A. Keselman, N. Nakatani, Z. Li, and S.R. White, 2016, Matrix product operators, matrix product states, and ab initio density matrix renormalization group algorithms, Journal of Chemical Physics 145(1): 014102.

[25] N. Wiebe, A. Kapoor, C. Granade, and K.M. Svore, 2015, "Quantum Inspired Training for Boltzmann Machines," preprint arXiv: 1507.02642.

[26] I. Zintchenko, M.B. Hastings, and M.Troyer, 2015, From local to global ground states in Ising spin glasses, Physical Review B 91(2): 024201.

[27] G.K.L. Chan, A. Keselman, N. Nakatani, Z. Li, and S.R. White, 2016, Matrix product operators, matrix product states, and ab initio density matrix renormalization group algorithms, Journal of Chemical Physics 145(1): 014102.

[28] E. Farhi, J. Goldstone, and S. Gutmann, 2014, "A Quantum Approximate Optimization Algorithm," preprint arXiv: 1411.4028.

[29] S. Aaronson, 2005, Quantum computing, postselection, and probabilistic polynomialtime, Proceedings of the Royal Society of London A 461(2063): 3473-3482.

[30] I. Kerenidis and R. De Wolf, 2004, Exponential lower bound for 2-query locally decodable codes via a quantum argument, Journal of Computer and System Sciences 69 (3): 395-420.

[31] S. Aaronson, 2006, Lower bounds for local search by quantum arguments, SIAM Journal on Computing 35(4): 804-824.

[32] E. Farhi, J. Goldstone, and S. Gutmann, 2014, "A Quantum Approximate Optimization Algorithm Applied to a Bounded Occurrence Constraint Problem," preprint arXiv: 1412.6062.

[33] B. Barak, A. Moitra, R. O'Donnell, P. Raghavendra, O. Regev, D. Steurer, L. Trevisan, A. Vijayaraghavan, D. Witmer, and J. Wright, 2015, "Beating the Random Assignment

on Constraint Satisfaction Problems of Bounded Degree," preprint arXiv: 1505.03424.

[34] J. Hastad, 2015, Improved Bounds for Bounded OccurrenceConstraint Satisfaction, Royal Institute of Technology, Stockholm, Sweden.

[35] K. Hartnett, 2018, "Major Quantum Computing Advance Made Obsolete By Teenager," Quanta Magazine, https://www. quantamagazine. org/teenager-finds-classical-alternative-to-quantum-recommendation-algorithm-20180731/.

[36] C. Macklin, K. O'Brien, D. Hover, M. E. Schwartz, V. Bolkhovsky, X. Zhang, W. D. Oliver, and I. Siddiqi, 2015, A near-quantum-limited Josephson traveling-wave parametric amplifier, Science 350(6258): 307-310.

[37] A. Roy and M. Devoret, 2018, Quantum-limited parametric amplification with Josephson circuits in the regime of pump depletion, Physical Review B 98(4): 045405.

[38] P. O. Schmidt, T. Rosenband, C. Langer, W. M. Itano, J. C. Bergquist, and D. J. Wineland, 2005, Spectroscopy using quantum logic, Science 309: 749-752.

[39] J.R. Maze, P.L. Stanwix, J.S. Hodges, S. Hong, J.M. Taylor, P. Cappellaro, L. Jiang, et al., 2008, Nanoscale magnetic sensing with an individual electronic spin in diamond, Nature 455(7213): 644.

[40] B. Sutor, 2018, "First IBM Q Hub in Asia to Spur Academic, Commercial Quantum Ecosystem," IBM News Room, http://newsroom. ibm. com/IBM-research? item = 30486.

[41] Quantum Computing Report, "Tools," https://quantumcomputingreport.com/resources/tools/.

[42] digicert, "Check our Numbers," https://www.digicert.com/TimeTravel/math.htm.

附　　录

A　任务说明

本研究的目标是对能够求解现实世界问题的实用量子计算机制造的可行性和影响进行独立评估，包括但不限于肖尔算法的部署使用。本研究的内容包括：硬件与软件需求、量子算法、量子计算与量子设备发展的驱动因素、与用例相关的基准测试、所需的时间和资源，以及如何对成功的可能性进行评估。委员会需要考虑的是：

1. 研发量子计算机的技术风险是什么，以及何时能在现实中制造出一台实用量子计算机？谁是制造和使用量子计算机的主要参与者？

2. 持有一台量子计算机，在信号、智能、通信、银行和商业等方面的意义是什么？

3. 公钥加密的未来是什么？研发和部署能够抵抗量子攻击的加密方法，其前景如何，需要多久能实现？

4. 在时间、成本、全球研发、替代技术等多种假设下，从国家安全角度来看，量子计算的成本和收益是什么？

委员会将在本报告中评估前景和影响，但不提出任何建议。

B　囚禁离子量子计算机

本附录回顾了用于创建量子数据层的技术和囚禁离子量子计算机的控制和测量方案。由于使用单个离子充当量子比特，因此量子比特本身不会面临制造缺陷的问题。这种方法可以实现低误码率门运算。

B.1 离子阱

通过电磁场将原子离子囚禁在空间中。仅仅使用静态或恒定的电场,无法稳定地囚禁一个自由空间中的点电荷(离子),因此需要通过电场和磁场的组合(潘宁阱)[1]或者随时间变化的电场(保罗阱)[2]来囚禁原子离子阵列。这些阱是在真空中控制的,从而避免与环境中的分子发生相互作用。

大多数囚禁离子量子计算系统使用的是保罗阱,将射频(RF)信号应用于两个与接地电极平行的电极,从而形成射频四极场(图 B.1b)。在四极为"零点"的地方,射频场消失,原子离子受到一种囚禁的电势,这种电势通常呈直线状(图 B.1a)。直流(DC)场的其他电极沿这条线可以生成非均匀的整体囚禁场,从而进

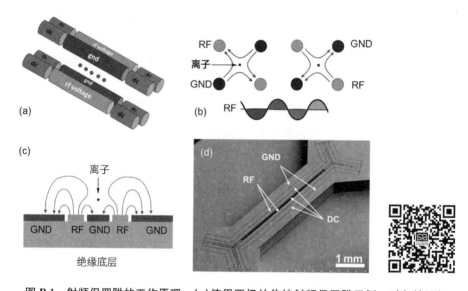

图 B.1 射频保罗阱的工作原理。(a)使用四极的传统射频保罗阱示例。对角的两极作为射频接地,将射频电压应用于另外两极。这种几何结构可以在垂直于轴的层上产生四极电场,形成一维(1D)线性囚禁电势,轻易地囚禁离子链。(b)在射频的负电压(红色箭头)中,接地电极将带正电荷的离子推向射频电极,而在射频的正电压(蓝色箭头)中,则将离子推向相反的方向。如果射频电压的频率远高于离子的自然运动频率(称为"长期频率"),那么离子会受到电场形成的四极零点电势的限制("零场区")。(c)在底层上制造的电极可以产生线性囚禁电势。电场的横截面形成四极零点,在阱的表面上方形成线性阱。(d)微加工的表面阱示例,设计用于为囚禁电极的表面上方的囚禁离子提供充足的光接入

资料来源:(a)图片来自 D.Hayes,马里兰大学博士论文,2012 年。(c)图片由桑迪亚国家实验室提供,2015 年。

一步限制和调整囚禁原子链的位置[3]。传统的这种阱是由机械和组装的金属零件构成,类似于四极离子质谱仪。新的设计将保罗阱的电极映射到平面几何上[4],使用半导体微加工技术(与用于经典计算硬件的技术非常相似)来构建阱的结构(图 B.1c)[5-6]。通过微加工技术可以生成更复杂的阱结构和控制囚禁离子的新方法,例如,交汇点穿梭[7-10](在后文中进行介绍),它对于增加此类系统中的量子比特数量至关重要(图 B.1d)。通过集成各种光学元件[11-13]和微波元件[14-16],这种微加工的阱也加速了离子阱的高级特性的发展。如今,世界各地的研究团体采用的是由各学术机构、政府实验室和工业铸造中心制造的微加工离子阱,通过常规方法进行高性能的量子比特控制。

B.2　量子比特的控制和测量

一旦将离子置于真空室内的阱中,它们将被激光冷却至接近基态的运动状态,从而消除那些可能会影响多量子比特运算的随机变化。值得注意的是,离子的运动不会直接影响储存在原子离子内部状态中的量子比特。随后,通过电磁辐射来控制量子态。囚禁离子量子比特主要有两种类型,根据表示量子态的物理态来定义:光子量子比特和超精细量子比特。

光子量子比特(图 B.2a)利用的是离子的基态和亚稳态激发电子态,它们的能级间的能量差等于正确"颜色"的光学激光器的光子能量("量子比特激光器")。光子量子比特的制备和探测效率高于 99.9%,相干时间在 $1\sim30$ s 之间。光子量子比特运算中的一项重大的技术挑战是如何维持对量子比特激光器的控制,从而实现对量子比特的精确、相干的控制。这就需要:(1)激光输出频率在量子比特相干时间内(约为 10^{-14} 到 10^{-15})保持稳定;(2)激光束在量子计算期间通过光波波长的总光程长度(或者可以纠正相位误码的量子纠错技术)保持稳定。2018年,研究人员利用最先进的激光源实现了这种光学频率的精度。

超精细量子比特(图 B.2b)使用的是一对不同的能态,称为具有非零核自旋的原子离子基态的"超精细"能级。通常将磁场设计为两个量子态之间的能量分离(通常对应于 $1\sim20$ GHz 的微波频率范围)对磁场的一阶变化不敏感,从而得到较长的相干时间($1\sim1\,000$ s)[17-19]。超精细量子比特的相干控制还需要对辐射进行精确的实验控制。在这种情况下,要么控制微波频率和相位,要么控制对应于量子比特频率的两个激光场的频率差。然而,微波频率会比光频率更容易控制[20-22]。

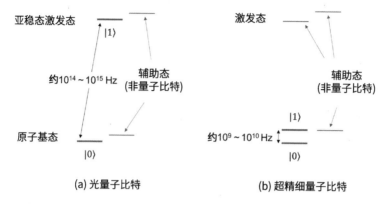

(a) 光量子比特　　　　　　　　　　(b) 超精细量子比特

图 B.2　原子离子中的量子比特。(a)光子量子比特由一个原子基态和一个亚稳态激发态组成,两者的频率差约为 $10^{14} \sim 10^{15}$ Hz。(b)超精细量子比特由两个基态组成,两者的频率差约为 $10^9 \sim 10^{10}$ Hz。通常一些激发态可用于支持量子比特控制。这两种情况下,除了用于表示量子比特的激发态之外,在基态、激发态和亚稳态激发态中还有其他的(辅助)态

　　量子比特的测量是通过"基于状态的光"进行的,用激光束照射离子,反复地散射光子,从而得到两种输出状态中的一种,结果可以通过光学探测器进行测量。是否存在散射光子表明量子比特处于何种状态。经证明,光子量子比特(误码率为 10^{-4})[23]和超精细量子比特(误码率为 10^{-3})[24-25]都可以实现高保真度的量子态的制备和检测。虽然实现了可靠的测量,但截至 2018 年,测量过程会影响到被测量子比特所在区域的其他量子比特,使被测量子比特处于激发态。因此,目前的系统同时测量所有的量子比特,在再次使用前需要进行"冷却"。

　　单量子比特的门运算是通过共振光场(光子量子比特)或者微波场(超精细量子比特)驱动原子态来实现的。超精细量子比特也可以由一对激光束来驱动,通过一个名为"拉曼跃迁"的过程将频率差精确地调整到量子比特微波频率[26]。微波场驱动的超精细量子比特的单量子比特门误码率(即应用该门得到不正确状态的概率)达到了 10^{-4} 到 10^{-6},受到了量子比特固有的相干时间(而非控制场中的任何系统错误)的限制[27-29]。实现这种误码率的关键是精确地控制微波脉冲的振幅,使脉冲的宽度与振幅的微小误差降至一阶[30-32]。光控制信号要达到类似的极限,将会受到阻碍,因为量子比特激光场的稳定难以实现。由于激光束路径中的机械、热以及空气密度的波动,一般用于驱动门的紫外(UV)激光束的输出可能会失真。近年来,由于单模光纤能够承受很强的紫外光功率[33],因此可以利用两个

拉曼激光器来大幅提升微波量子比特的保真度。随着驱动门的光场的系统误码控制实验技术的不断改进,单量子比特门的误码率达到了 10^{-4} 到 $10^{-5[34-35]}$。

为了创建双量子比特门,系统利用的是囚禁离子之间电荷的相互作用。通过光场或微波场,可以激发离子在空间中振荡,从而引发另一个离子也开始运动。只要目标离子处于特定的量子态,则通过精细调整驱动场的频率,就可以使外部的控制场"推动"离子,这种方法通常称为"依赖状态的力"。只要激发的运动保持完全相干,就可以充当一个"量子总线",调节量子比特之间的相互作用,实现双量子比特门,类似于将集成电路中芯片的不同部分连接起来的总线。研究人员开发了新的门方案,使这种相互作用在运动的精确细节方面具有鲁棒性[36-38]。通过光场[39-40]和微波场[41],双量子比特门的误码率(其特征是造成错误输出态的概率)达到了 10^{-2} 到 10^{-3}。了解限制保真度的原理后,研究人员将继续努力提高这种运算的质量。

B.3　控制和测量层

囚禁离子量子计算机的控制系统由四个主要的子系统组成:(1)运算阱的射频和直流电压;(2)用于"非相干"运算(如冷却或读取量子比特)的连续波(CW)激光器;(3)负责执行相干量子逻辑门的"相干量子比特控制系统";(4)用于测量量子态的光子探测器。

保罗阱的基本运算需要射频源,通常的频率范围为 $20\sim200$ MHz,电压范围为 $30\sim400$ V。使用 $0\sim30$ V 的直流电压来明确轴方向的囚禁电势。目前的微加工阱中有多达上百个的直流电极,需要尽量多的电压源来控制它们。通过可编程多通道数模转换器(DAC)来控制这些阱,能够支持多离子链、离子链的分裂和合并,以及阱的不同区域之间的物理穿梭。

连续波激光器是一组频率稳定(通常为 10^{-9})的激光器,能提供量子跃迁所需的能量。这些激光源通常会经过若干个光调制器,用于控制照射到离子上的激光束的频率和振幅。调制的连续波激光束用于冷却离子,使其在阱中接近运动基态,将量子态初始化(通过光泵),并引发其中一个量子态散射光子,从而读取量子比特。将设备锁定在标准的频率,使这些激光器的频率稳定在一个绝对基准频率。

相干量子比特控制系统驱动系统中所有的量子逻辑门,决定了量子计算机中量子电路的执行性能。相干控制系统的实现取决于所使用的量子比特。光子量子比特一般使用的是"超稳定频率"的连续波激光器（通常稳定在 10^{-13} 到 10^{-15}），而超精细量子比特则通常使用两个激光束，将频率差锁定为两个量子比特的能级的能量差。还需要一个传输系统，将这些激光束引导至目标离子上，从而控制逻辑门。一般通过可编程射频源驱动的光调制器来对这些激光器进行调制，以实现相干控制。近期有人提出，相干量子比特的控制可以仅使用微波源，而不用激光。设计、构建一个高质量的相干量子比特控制系统是一项非常具有挑战性的任务，它将决定囚禁离子量子计算机的性能，如单门误码率以及运行复杂电路的能力。

探测系统通常由收集离子散射光子的成像光学器件和能够对收集到的光子进行测量的光子计数探测器（如光电倍增管）组成。利用探测到的光子（数量、时间等）能够可靠地确定量子态。

B.4　参考文献

［1］H. Dehmelt, 1988, A single particle forever floating at rest in free space: New value for electron radius, Physica Scripta T22: 102-110.

［2］W. Paul, 1990, Electromagnetic traps for charged and neutral particles, Review of Modern Physics 62: 531.

［3］D.J. Wineland, C. Monroe, W.M. Itano, D. Leibfried, B.E. King, and D.M. Meekhof, 1998, Experimental issues in coherent quantum-state manipulation of trapped atomic ions, Journal of Research of the National Institute of Standards and Technology 103: 259-328.

［4］J. Chiaverini, B.R. Blakestad, J.W. Britton, J.D. Jost, C. Langer, D.G. Leibfried, R. Ozeri, and D.J. Wineland, 2005, Surface-electrode architecture for ion-trap quantum information processing, Quantum Information and Computation 5: 419-439.

［5］J. Kim, S. Pau, Z. Ma, H.R. McLellan, J.V. Gates, A.Kornblit, R.E. Slusher, R.M. Jopson, I. Kang, and M. Dinu, 2005, System design for large-scale ion trap quantum information processor, Quantum Information and Computation 5: 515.

［6］D. Stick, W.K. Hensinger, S. Olmschenk, M.J. Madsen, K. Schwab, and C. Monroe, 2006, Ion trap in a semiconductor chip, Nature Physics 2: 36-39.

［7］D. Kielpinski, C. Monroe, and D.J. Wineland, 2002, Architecture for a large-scale ion-trap quantum computer, Nature 417: 709-711.

［8］R.B. Blakestad, C. Ospelkaus, A.P. VanDevender, J.H. Wesenberg, M.J. Biercuk, D. Leibfried, and D.J. Wineland, 2011, Near-ground-state transport of trapped-ion qubits through a multidimensional array, Physical Review A 84: 032314.

[9] D.L. Moehring, C. Highstrete, D. Stick, K.M. Fortier, R. Haltli, C. Tigges, and M.G. Blain, 2011, Design, fabrication and experimental demonstration of junction surface ion traps, New Journal of Physics 13: 075018.

[10] K. Wright, J.M. Amini, D.L. Faircloth, C. Volin, S.C. Doret, H. Hayden, C.-S. Pai, D. W. Landgren, D. Denison, T. Killian, R.E. Slusher, and A.W. Harter, 2013, Reliable transport through a microfabricated X-junction surface-electrode ion trap, New Journal of Physics 15: 033004.

[11] A.P. VanDevender, Y. Colombe, J. Amini, D. Leibfried, andD J. Wineland, 2010, Efficient fiber optic detection of trapped ion fluorescence, Physical Review Letters 105: 023001.

[12] J.T. Merrill, C. Volin, D. Landgren, J.M. Amini, K. Wright, S.C. Doret, C.-S. Pai, H. Hayden, T. Killian, D. Faircloth, K.R. Brown, A.W. Harter, and R.E. Slusher, 2011, Demonstration of integrated microscale optics in surface-electrode ion traps, New Journal of Physics 13: 103005.

[13] M. Ghadimi, V. Blūms, B.G. Norton, P.M. Fisher, S.C.Connell, J.M. Amini, C. Volin, H. Hayden, C.-S. Pai, D. Kielpinski, M. Lobino, and E.W. Streed, 2017, Scalable ion-photon quantum interface based on integrated diffractive mirrors, npj Quantum Information 3: 4.

[14] C. Ospelkaus, U. Warring, Y. Colombe, K.R. Brown, J.M. Amini, D. Leibfried, and D. J. Wineland, 2011, Microwave quantum logic gates for trapped ions, Nature 476: 181.

[15] D.T.C. Allcock, T.P. Harty, C.J. Ballance, B.C. Keitch, N.M. Linke, D.N. Stacey, and D.M. Lucas, 2013, A microfabricated ion trap with integrated microwave circuitry, Applied Physics Letters 102: 044103.

[16] C.M. Shappert, J.T. Merrill, K.R. Brown, J.M. Amini, C. Volin, S.C. Doret, H. Hayden, C.-S. Pai, K.R. Brown, and A.W. Harter, 2013, Spatially uniform single-qubit gate operations with near-field microwaves and composite pulse compensation, New Journal of Physics 15: 083053.

[17] P.T.H. Fisk, M.J. Sellars, M.A. Lawn, and C. Coles, 1997, Accurate measurement of the 12.6 GHz 'clock' transition in trapped ^{171}Yb$^+$ ions, IEEE Transactions on Ultrasonics, Ferroelectrics, and Frequency Control 44: 344-354.

[18] C. Langer, R. Ozeri, J.D. Jost, J. Chiaverini, B. DeMarco, A. Ben-Kish, R.B. Blakestad, et al., 2005, Long-lived qubit memory using atomic ions, Physical Review Letters 95: 060502.

[19] T. P. Harty, D. T. C. Allcock, C. J. Ballance, L. Guidoni, H. A. Janacek, N. M. Linke, D. N. Stacey, and D. M. Lucas, 2014, High-fidelity preparation, gates, memory, and readout of a trapped-ion quantum bit, Physical Review Letters 113: 220501.

[20] H. Dehmelt, 1988, A single particle forever floating at rest in free space: New value for electron radius, Physica ScriptaT22: 102–110.

[21] S. Olmschenk, K. C. Younge, D. L. Moehring, D. N. Matsukevich, P. Maunz, and C. Monroe, 2007, Manipulation and detection of a trapped Yb+ hyperfine qubit, Physical Review A 76: 052314.

[22] T. P. Harty, D. T. C. Allcock, C. J. Ballance, L. Guidoni, H. A. Janacek, N. M. Linke, D. N. Stacey, and D. M. Lucas, 2014, High-fidelity preparation, gates, memory, and readout of a trapped-ion quantum bit, Physical Review Letters 113: 220501.

[23] A. H. Myerson, D. J. Szwer, S. C. Webster, D. T. C. Allcock, M. J. Curtis, G. Imreh, J. A. Sherman, D. N. Stacey, A. M. Steane, and D. M. Lucas, 2008, High-fidelity readout of trapped-ion qubits, Physical Review Letters 100: 200502.

[24] T. P. Harty, D. T. C. Allcock, C. J. Ballance, L. Guidoni, H. A. Janacek, N. M. Linke, D. N. Stacey, and D. M. Lucas, 2014, High-fidelity preparation, gates, memory, and readout of a trapped-ion quantum bit, Physical Review Letters 113: 220501.

[25] R. Noek, G. Vrijsen, D. Gaultney, E. Mount, T. Kim, P. Maunz, and J. Kim, 2013, High speed, high fidelity detection of an atomic hyperfine qubit, Optics Letters 38: 4735–4738.

[26] D. J. Wineland, C. Monroe, W. M. Itano, B. E. King, D. Leibfried, D. M. Meekhof, C. Myatt, and C. Wood, 1998, Experimental primer on the trapped ion quantum computer, Fortschritte der Physik 46: 363–390.

[27] K. R. Brown, A. C. Wilson, Y. Colombe, C. Ospelkaus, A. M. Meier, E. Knill, D. Leibfried, and D J. Wineland, 2011, Single-qubit-gate error below 10-4 in a trapped ion, Physical Review A 84: 030303.

[28] T. P. Harty, D. T. C. Allcock, C. J. Ballance, L. Guidoni, H. A. Janacek, N. M. Linke, D. N. Stacey, and D. M. Lucas, 2014, High-fidelity preparation, gates, memory, and readout of a trapped-ion quantum bit, Physical Review Letters 113: 220501.

[29] R. Blume-Kohout, J. K. Gamble, E. Nielsen, K. Rudinger, J. Mizrahi, K. Fortier, and P. Maunz, 2017, Demonstration of qubit operations below a rigorous fault tolerance threshold with gate set tomography, Nature Communications 8: 4485.

[30] S. Wimperis, 1994, Broadband, narrowband, and passband composite pulses for use in advanced NMR experiments, Journal of Magnetic Resonance A 109: 221–231.

[31] K.R. Brown, A.W. Harrow, and I.L. Chuang, 2004, Arbitrarily accurate composite pulse sequences, Physical Review A 70: 052318.

[32] G.H. Low, T.J. Yoder, and I.L. Chuang, 2014, Optimal arbitrarily accurate composite pulse sequences, Physical Review A 89: 022341.

[33] Y. Colombe, D.H. Slichter, A.C. Wilson, D. Leibfried, and D.J. Wineland, 2014, Single-mode optical fiber for high-power, low-loss UV transmission, Optics Express 22: 19783-19793.

[34] T.P. Harty, D.T.C. Allcock, C.J. Ballance, L. Guidoni, H.A. Janacek, N.M. Linke, D.N. Stacey, and D.M. Lucas, 2014, High-fidelity preparation, gates, memory, and readout of a trapped-ion quantum bit, Physical Review Letters 113: 220501.

[35] E. Mount, C. Kabytayev, S. Crain, R. Harper, S. -Y. Baek, G. Vrijsen, S.T. Flammia, K.R. Brown, P. Maunz, and J. Kim, 2015, Error compensation of single-qubit gates in a surface-electrode ion trap using composite pulses, Physical Review A 92: 060301.

[36] A. Sørensen and K. Mølmer, 1999, Quantum computation with ions in a thermal motion, Physical Review Letters 82: 1971.

[37] D. Leibfried, B. DeMarco, V. Meyer, D. Lucas, M. Barrett, J. Britton, W.M. Itano, B. Jelenkovic, C. Langer, T. Rosenband, and D. J. Wineland, 2003, Experimental demonstration of a robust, high-fidelity geometric two ion-qubit phase gate, Nature 422: 412-415.

[38] P.C. Haljan, K. -A. Brickman, L. Deslauriers, P.J. Lee, and C. Monroe, 2005, Spin-dependent forces on trapped ions for phase-stable quantum gates and entangled states of spin and motion, Physical Review Letters 94: 153602.

[39] J.P. Gaebler, T.R. Tan, Y. Lin, Y. Wan, R. Bowler, A.C. Keith, S. Glancy, K. Coakley, E. Knill, D. Leibfried, and D.J. Wineland, 2016, High-fidelity universal gate set for $^9Be^+$ ion qubits, Physical Review Letters 117: 060505.

[40] C.J. Ballance, T.P. Harty, N.M. Linke, M.A. Sepiol, and D.M. Lucas, 2016, High-fidelity quantum logic gates using trapped-ion hyperfine qubits, Physical Review Letters 117: 060504.

[41] T.P. Harty, M.A. Sepiol, D.T.C. Allcock, C.J. Ballance, J.E. Tarlton, and D.M. Lucas, 2016, High-fidelity trapped-ion quantum logic using near-field microwaves, Physical Review Letters 117: 140501.

C 超导量子计算机

本附录回顾了创建量子数据层的技术以及超导量子比特的控制和测量方案。

在设计中,超导谐振器与非线性电感共同形成人造原子,这些"原子"充当量子计算机的量子比特。

C.1　制造

低损耗的实现需要用到超导体。超导体是一种独特材料,当冷却到临界温度 T_c 以下时,它在零频率(即直流电)下没有电阻。用于数字量子计算和量子模拟的量子比特通常由硅或蓝宝石芯片上的铝线($T_c=1.2\,\mathrm{K}$)和铝-非晶态氧化铝-铝($\mathrm{Al\text{-}AlO}_x\text{-}\mathrm{Al}$)约瑟夫森结制成。虽然可以使用与制造硅芯片相同的设计工具和制造设备来制造超导量子比特,但要实现高相干性,则需要修改特定的制造步骤,以消除可能造成损耗的缺陷。因此,目前高相干量子比特(相干时间约为$100\,\mu\mathrm{s}$)通常是用非常简单的设备制造的,仅使用一层金属,工艺不像经典计算机的那样复杂,经典计算机使用的是十层金属的数字硅或超导逻辑设备。

商用量子退火计算机的特征是包含 2 000 个以上的超导量子比特,使用的是更复杂的制造技术。该技术使用铌线($T_c=9.2\,\mathrm{K}$)和铌-非晶态氧化铝-铌(Nb/AlO_x/Nb)约瑟夫森结[1-2],最多支持八层金属。通过这种更为复杂的制造工艺,可以在一次铌制造工艺中将量子比特和超导控制电子器件集成在一起("单片集成"的示例)。然而,由于制造工艺复杂,需要额外的处理步骤,且介电材料(如二氧化硅或氮化硅)的互连层会造成损耗,因此利用多层铌工艺制造的量子比特的相干时间一般较短,通常为 10～100 ns[3]。

C.2　量子比特设计

与囚禁离子量子比特一样,超导量子比特可以存在于多个量子化的能态中,选择性地利用最低的两个能态,从而实现量子比特。这种设计没有使用原子,使用的是一个简单的电感和电容电路,在低温下也有量子能量。为使其能级之间的能量差更大,电路中添加了非线性电感元件——约瑟夫森结(JJ)。利用约瑟夫森结,基态和第一激发态之间的能量差可以通过频率 f_{01} 进行唯一寻址。也就是说,可以使用微波辐射(通常设计为 5 GHz 左右)来实现这两种状态的跃迁,而无须用到更高的激发态。因此,可以将这种 2 级量子系统的结构作为一个量子比特。

可以通过多种方法,利用电感、电容器及约瑟夫森结来生成量子比特,并将量子比特连接在一起,从而实现双量子比特的运算。差别之处在于,实现更简单的控制与实现更好的量子比特运算的隔离与控制这两者之间的平衡,如下所示:

● 固定频率与可调频率的量子比特。可调频率的量子比特能够对制造工艺的差异或设备老化引起的量子比特频率变化进行校正。优点是一个微波信号可以控制多个量子比特,节省了硬件。为实现这一优势,需要一个额外的控制信号来调整频率,噪声通过另一条路径进入量子比特。目前数字超导量子计算使用的两种最常见的量子比特是"Transmon 量子比特"[4-7](有不可调单约瑟夫森结和可调双约瑟夫森结两种形式),以及"磁通量子比特"[8-11]。这两种设计都用于前沿领域。

● 静态耦合与可调耦合。量子比特间的静态耦合(例如,通过电容器或电感器来介导量子比特的相互作用)在设计时就是固定"开启"的。而可调耦合则通过两个量子比特的共振实现"开启",通过两个量子比特停止共振实现"关闭"。然而,即使在关闭时,仍然存在细微的残余耦合。在两个量子比特之间添加第三方,即另一个量子比特或谐振器,可以进一步降低这种残余耦合。然后,通过将量子比特和谐振器调整到适当的频率,可以实现两个量子比特的耦合。

除了量子比特之外,电路还有一种简单的机制,将量子比特与 5 GHz 微波控制信号和超导谐振器(通常设计的工作频率为 7~8 GHz 左右)耦合,利用电路的量子电动力学架构来读取量子态[12]。

C.3 冷却

超导量子比特需要在毫开尔文(mK)的温度下才能工作。对于数字量子计算来说,量子比特的工作频率通常在 5 GHz 左右,相当于大约 250 mK 的热能。因此,量子比特需要在更低的温度下工作,以避免多余的激发态热激发。通过商用 ^{3}He/^{4}He 稀释制冷机可以实现这一目标,这种制冷机能够冷却至 10 mK 以下的温度。另一方面,对于量子退火机来说最实际的潜在用途是,量子比特有时需要在远低于稀释制冷机所能达到的温度所对应的频率下工作,因此,热噪声会影响退火协议,使系统脱离基态。

目前稀释制冷机利用机电脉冲管制冷器来实现冷却的两个阶段,一个阶段是 50 K,另一个阶段是 3 K。这种称为"干式"制冷机,因为它们不需要通过消耗液氦冷却剂来达到这些温度。接着，在 3 K 温度下，将封闭循环中的氦同位素 ^{3}He 和 ^{4}He 的混合物冷凝并循环，通过 700 mK、50 mK 以及大约 10 mK 的基准温度的不同阶段实现冷却。将室温冷却至基准温度通常需要 36～48 h，且制冷机可以无限期保持冷却。

当前的商用稀释制冷机，在基准温度下的实验体积约为 $(0.5\mathrm{m})^3$，基准温度、20 mK、100 mK 下的冷却功率分别约为 0 W（根据定义）、30 μW、1000 μW。这些值都不是基本极限。在 CUORE 中微子探测实验中，使用一台干式稀释制冷机可以将超过 1 t 的大型物体冷却至 10 mK 以下[13]。每个温度阶段都需要一个直径约为 0.5 m 的铜片，将控制导线从室温冷却至基准温度，从而冷却线路并将抵达量子比特的热辐射降低[14]。同轴电缆、衰减器、滤波器、隔离器/循环器以及微波开关都能在低温下工作，目前都用于最先进的测量系统。

C.4 控制和测量层

超导量子计算机的控制和测量层需要生成调整量子比特的偏置电压/电流，形成微波控制信号，对量子比特的测量进行可靠的检测，处理生成控制信号的电路和消耗控制信号的电路之间所存在的较大温差。

C.4.1 控制导线和封装

将室温下产生的电磁控制信号传输到制冷机内的量子比特，需要精细的热学和电学工程。无论是低频双绞线还是高频同轴电缆，都需要在制冷机的每个温度阶段进行冷却，避免过热。与我们的直觉不同的是，最大的挑战并不是通过直接接触（声子）来冷却制冷机。最大的热负荷发生在 300 K 到 3 K 的温度范围，而现在的制冷机可以很容易地处理几百甚至几千根导线的热负荷。此外，由于需要更多的导线，因此所有阶段（特别是 3 K 阶段）都需要具有更强冷却功能的、更大型的稀释制冷机，可以直接使用现有技术来制造，成本则与制冷机的大小成正比。对于 3 K 以下的导线，超导 NbTi 能完美地传输电信号，并使直接连接（声子）的热负荷最小。

更艰巨的挑战在于如何减轻室温热噪声对量子比特运算的影响。需要在将所需信号有效引导至量子比特和防止噪声影响运算这两者之间达到平衡。研究人员采取的方法是二者兼顾。通过滤波（将不在所需频率范围内的信号过滤掉）

来去除带外辐射(超出要传输到设备的信号的频率范围的噪声),通过衰减来减少带内辐射。也就是说,由于热噪声的大小随温度的升高而降低,因此在制冷机的每个阶段,控制信号的振幅都会减小。衰减无法全部在同一时刻完成,因为信号衰减会产生热量和热噪声,随着信号移动到较低的温度,这些热量和热噪声也会降低。出于类似的原因,量子比特的测量也需要分阶段进行,第一个振幅放大阶段需要在低温下进行,以尽量减少放大器的噪声。

具有大量信号的芯片的一个重要限制是封装。超级计算芯片的封装需要容纳、屏蔽及传输量子比特信号,是控制层的关键部分。虽然超导芯片相对较小,通常为 5 mm×5 mm,但芯片和连接器的导线数量决定了封装的尺寸。对于量子电路所需的高隔离度,同轴连接器、同轴线束、微型多针连接器等类型的连接器可用于将信号引入封装。这些连接器具有更高的隔离度,它们比传统硅设备封装使用的简单针形连接或球形连接更大,因此单位面积的信号数量要少得多。一旦信号在封装上出现,就需要将其传输到正确的位置,然后连接至量子电路。信号通过导线连接到量子比特,使用凸点连接(芯片区域内的连接)或导线连接(芯片周围的连接)[15],或使用封装本身的自由空间[16]。由于控制导线数量的增加,这种封装需要使用区域连接的方法(凸点连接),就像传统的硅封装一样。其困难在于如何在这些连接器和导线存在的情况下,为量子比特保持一个清洁的微波环境。由于存在这些限制,当信号数量增加到数千个时,封装问题将变得非常困难。

C.4.2　控制和测量

有了在室温和量子数据层之间传输信号的方法之后,控制和测量层则需要通过硬件和软件来实现:(1)在运算点偏置量子比特;(2)执行逻辑运算;(3)测量量子态。目前超导量子比特运算混合使用了直流偏置电流、与量子比特跃迁共振的微波脉冲(通常为 5 GHz 左右),以及基带脉冲。

如前文所述,量子比特是"固定频率"或者"可调频率"的。在固定频率的设计中,在制造时就设置好量子比特的频率,测量系统需要确定该频率并调整其信号。可调量子比特的基频也是在制造过程中设置,但可以通过控制层的偏置电流来进行复位调整。该偏置电流通过量子比特封装进行连接,然后与所需的量子比特耦合。可调量子比特需要另外一条控制线,但允许控制系统对所有的量子比特使用一个或一组频率。

通过稳定的微波源、可编程的脉冲形状和混频器来产生单量子比特和双量子比特逻辑运算的控制信号,混频器将两个信号混合在一起,从而产生所需的微波脉冲。这些脉冲大约为 10 ns(一百亿分之一秒),一般比囚禁离子量子比特的脉冲快得多。微波脉冲和频率偏移可用于实现双量子比特门运算,例如,受控相位门或 iSWAP 门。这些门比单量子比特运算慢,需要 40~400 ns。精确的控制信号取决于量子比特是直接耦合的还是使用额外的量子比特或谐振器来实现最小化耦合。目前最先进的双量子比特误码率一般在 1% 左右,个别示例能够低至 0.5%。

需要用到的室温控制电子设备包括微波振荡器、产生脉冲形状的任意波形发生器(AWG)、混频器及模数转换器(ADC),都可在市场上买到,其精度不会限制量子比特的运算。对于目前的超导量子比特应用,任意波形发生器和模数转换器的工作速率通常为 1~2 GS/s,10~14 比特。商用精密级局部振荡器的频率范围通常为 1~12 GHz,偏移为 10 kHz 时的单边带相位噪声为 -120 dB,一般可以达到 10^{-8} 级的门误码率[17]。随着量子比特数量的增加,支持的电子器件也随之增加。一般来说,每个量子比特都需要偏置电流发生器、波形发生器和混频器。因此,需要更好地集成这些支持电子器件,使系统能够扩展至更多数量的量子比特。

所有的自然原子都是相同的,而人造原子是由电路元件制成的,其制造工艺各不相同。因此,不同的量子比特、不同的制造设备以及不同的温度循环之间的量子比特参数(例如,跃迁频率、量子比特间的耦合等)都不相同。控制处理器需要大量的校准流程,来确定、校正这些差异。这种校准的复杂性会随着系统中量子比特数量的增加而呈超线性增长,这是扩展量子比特数量的一个核心问题。

C.5 参考文献

[1] M. W. Johnson, M. H. S. Amin, S. Gildert, T. Lanting, F. Hamze, N. Dickson, R. Harris, et al., 2011, Quantum annealing with manufactured spins, Nature 473: 194-198.

[2] D Wave, "Technology Information," http://dwavesys.com/resources/publications.

[3] W.D. Oliver, Y. Yu, J.C. Lee, K.K. Berggren, L.S. Levitov, and T.P. Orlando, 2005, Mach-Zehnder interferometry in a strongly driven superconducting qubit, Science 310: 1653-1657.

[4] J. Koch, T.M. Yu, J. Gambetta, A.A. Houck, D.I. Schuster, J. Majer, A. Blais, M.H. Devoret, S.M. Girvin, and R.J. Schoelkopf, 2007, Charge-insensitive qubit design derived from the Cooper pair box, Physical Review A 76: 042319.

［5］A. A. Houck, A. Schreier, B. R. Johnson, J. M. Chow, J. Koch, J. M. Gambetta, D. I. Schuster, et al., 2008, Controlling the spontaneous emission of a superconducting transmon qubit, Physical Review Letters 101: 080502.

［6］H. Paik, D. I. Schuster, L. S. Bishop, G. Kirchmair, G. Catelani, A. P. Sears, B. R. Johnson, et al., 2011, Observation of high coherence in Josephson junction qubits measured in a three-dimensional circuit QED architecture, Physical Review Letters 107: 240501.

［7］R. Barends, J. Kelly, A. Megrant, D. Sank, E. Jeffrey, Y. Chen, Y. Yin, et al., 2013, Coherent Josephson qubit suitable for scalable quantum integrated circuits, Physical Review Letters 111: 080502.

［8］J. E. Mooij, T. P. Orlando, L. S. Levitov, L. Tian, C. H. van der Wal, and S. Lloyd, 1999, Josephson persistent-current qubit, Science 285: 1036-1039.

［9］T. P. Orlando, J. E. Mooij, L. Tian, C. H. van der Wal, L. S. Levitov, S. Lloyd, and J. J. Mazo, 1999, Superconducting persistent-current qubit, Physical Review B 60: 15398.

［10］M. Steffan, S. Kumar, D. P. DiVincenzo, J. R. Rozen, G. A. Keefe, M. B. Rothwell, and M. B. Ketchen, 2010, High-coherence hybrid superconducting qubit, Physical Review Letters 105: 100502.

［11］F. Yan, S. Gustavsson, A. Kamal, J. Birenbaum, A. P. Sears, D. Hover, T. J. Gudmundsen, et al., 2016, The flux qubit revisited to enhance coherence and reproducibility, Nature Communications 7: 12964.

［12］A. Blais, R. -S. Huang, A. Wallraff, S. M. Girvin, and R. J. Schoelkopf, 2004, Cavity quantum electrodynamics for superconducting electrical circuits: An architecture for quantum computation, Physical Review A 69: 062320.

［13］V. Singh, C Alduino, F. Alessandria, A Bersani, M. Biassoni, C. Bucci, A. Caminata, et al., 2016, The CUORE cryostat: Commissioning and performance, Journal of Physics: Conference Series 718: 062054.

［14］R. Barends, J. Wenner, M. Lenander, Y. Chen, R. C. Bialczak, J. Kelly, E. Lucero, et al., 2011, Minimizing quasiparticle generation from stray infrared light in superconducting quantum circuits, Applied Physics Letters 99, 024501.

［15］D. Rosenberg, D. K. Kim, R. Das, D. Yost, S. Gustavsson, D. Hover, P. Krantz, et al., 2017, 3D integrated superconducting qubits, npj Quantum Information 3: 42.

［16］H. Paik, D. I. Schuster, L. S. Bishop, G. Kirchmair, G. Catelani, A. P. Sears, B. R. Johnson, et al., 2011, Observation of high coherence inJosephson junction qubits measured in a three-dimensional circuit QED architecture, Physical Review Letters

107：240501.

[17] H. Ball，W. D. Oliver，and M. J. Biercuk，2016，The role of master clock stability in quantum information processing，npj Quantum Information 2：16033.

D　生成量子比特的其他方法

由于囚禁离子和超导量子计算机的扩展仍然面临许多技术挑战，一些研究团队正持续探索生成量子比特的其他方法。这些技术还远远不够先进，仍停留在单量子比特和双量子比特门的创建。这些技术的扩展问题与离子阱、超导体所面临的问题有许多相似之处。本附录将简要讨论这些方法。

D.1　光量子计算

光子具有一些特性，对量子计算机中的应用而言，它极具吸引力。光子与环境以及彼此之间的相互作用相对较弱，因此光子可以在多种材料中传播很远而不被散射或吸收。光子量子比特具有良好的相干特性，可用于远距离量子信息传输[1]。因此，即使事实证明其他技术更适合大规模计算应用，但这一领域的研发对于远距离量子通信信道的实现来说十分重要。对量子传感和量子通信来说，光量子的控制能力的进展具有潜在的变革性应用。

光量子纠缠的实验探索历史悠久，最早可追溯到 20 世纪 70 年代的贝尔不等式探索实验[2]。过去几十年来，研究人员已研发出了一些方法，用于克服多光子纠缠态的创建、控制及测量的许多障碍。本节简要介绍了这些进展、开发纠错光子计算机所需要克服的其他挑战，以及进行扩展的最终限制。

在许多方面，光子都是完美的量子比特。单量子比特门能用标准的光学器件来实现，如移相器和分束器。如前文所述，光子与物质及彼此之间的相互作用很弱，从而具有良好的相干性。但光子的弱相互作用也给光量子计算机的发展带来很大的障碍，因为很难生成双量子比特门。本节介绍了解决该问题的两种方法。第一种方法，在线性光学量子计算中，有效的强相互作用是通过单光子的运算和测量生成的，可以用于实现双量子比特门。第二种方法是通过光子量子比特的光学活性缺陷以及与光子强相互作用的量子点来引发光子间的强有效相互作用，我们将在第 D.3.1 节中进行讨论。

在光量子计算中，通常量子比特是单个的光子，光子的两种不同偏振（上下与左右)是作为两种量子态。单量子比特门可以使用标准的无源光学元件来实现偏振旋转,但是双量子比特门则需要低损耗的非线性,这很难实现[3]。如第 5 章的囚禁离子章节所述,在分束器的两个输出端口上的一致性测量得到的强有效非线性,可以实现一个双量子比特门[4],但该门的实现是有概率的。当幸运地成功实现门时,门会发出信号(在两个探测器上都能检测到光子),也就是说,算法可以实现,但时间要求很复杂,需要一个经过初始化的稳定光子源。近期,基于测量的量子计算方案引起了研究人员的极大兴趣,即在计算开始前构造高度纠缠的“团簇态”,且计算本身是通过执行测量来实现的。

过去几年,实现光量子计算所需的许多技术都取得了进展。光子芯片不断改进,光子元件内部和接口处的光子损耗率都接近实现量子纠错所需的值。研究人员已开发出非常高效的光子探测器[6],这是实现量子纠错的关键。基于纳米线的探测器在氦温度(约 4 K)下工作,因此需要将其冷却至该温度,研究人员预计这种冷却是完全可行的。假设在降低光子损耗率方面能够持续取得进展,那么制造中型设备的主要障碍是需要开发一种能以高速率生成 3 纠缠光子的光源[7]。3 纠缠光子的光源是存在的[8],但是 3 纠缠光子的生成速率需要大幅提高,这样才能实现大规模计算。截至 2018 年,实现最大纠缠和完全连接的量子比特系统利用的是 6 个光子的 3 个自由度[9],然而由于该方法本身存在困难,因此无法进行扩展。

最终可扩展性:由于光量子计算中使用的光子的波长通常在 1 μm 左右,且由于光子以光速移动,通常移动路线沿着光学芯片的一个维度,因此光子器件中的光子数量(即量子比特数量)无法像局部空间系统的量子比特数量那么多。然而,可能会存在数千个量子比特的阵列[10]。此外,对于实现大规模量子通信的交换网络的开发,这项技术至关重要。

D.2　中性原子量子计算

除了生成一组离子并利用离子上的电荷来固定它们之外,我们还可以用激光来生成一组囚禁中性原子的光学阱。该方法在技术上与离子阱量子计算有相似之处,使用光脉冲和微波脉冲来控制量子比特,可以生成一个多达上百万个量子比特的阵列。在提供光子和其他类型的量子比特(包括超导量子比特)接口方面,中性原子技术可能非常有用[13]。到目前为止,研究人员已生成了大约 50 个原子的阵列,并实现了 51 个原子的量子模拟器[14]。假设间距为 5 μm,那么在 0.5 mm 的二维(2D)阵列中可以囚禁 10^4 个原子,在 0.5 mm 的三维(3D)阵列中可以囚禁 100 万个原子。量子态是碱性原子(通常是铷或铯)的能级,每个阱中有一个原子,通过光学原理实现量子比特的控制和读取。

与囚禁离子系统一样,该方法使用激光来将原子冷却到微开尔文温度,然后将这些低温的原子装载入真空系统中的光学阱中。使用另一个激光器来初始化量子比特的状态,通过光场和微波场来实现逻辑门,通过共振荧光来检测输出[15]。在这个系统中,仅仅是生成系统的初始态就面临许多挑战:

● 激光冷却过程中的光辅助碰撞往往会导致原子成对耦合,脱离阱。空的阱会使量子计算机使用的阵列复杂化。然而,近期研究人员开发了一些方法,利用空的阱并对其进行重新配置,从而得到全满的阱,因此这一困难并非无法解决。

● 中性原子容易与残余气体原子碰撞,脱离阱。在标准系统中,每个原子大约隔 100 s 发生一次碰撞。在低温真空系统中,原子寿命长达数十分钟。最终,需要通过纠错方案来处理这种不常见的损耗。通过冷却原子的辅助存储器重新装载原子,是进行连续运算的方法,已经在少量原子上得到了证明[16]。

● 目前,研究人员使用边带激光冷却,以获得阱中约 90% 的原子的绝对三维振动基态。对于大多数量子计算方案来说,这个温度足够低,但研究人员认为冷却方面还可以得到显著改善,理论的冷却极限是接近 100% 基态。

因为单量子比特门的时间为几微秒到几百微秒,理论上来说,在已实现的最长退相干时间内可以执行 10^5 次运算(最大数量)。研究人员已实现了低误码率 (低至 0.004)的单量子比特门[17]。在实验中,保真度受到许多限制,包括微波场的不均匀性、阱引起的量子比特跃迁的频率变化以及激光束的不精确性或缺陷引起的误码,影响了非目标量子比特的位置[18]。

同样,双量子比特门的方法与囚禁离子的方法类似。一种方法是将目标原子移动到一起。由于原子是中性的,且间距需要很小,因此对移动的阱和原子的运动状态进行十分精确的控制是一项挑战。另一种方法是将原子临时激发到高激发的里德堡态(电子与原子的连接非常弱),此时,原子之间有很强的两级相互作用。一些研究团队采用的是第二种方法。根据理论的计算预测,纠缠误码率应达到 0.01%;截至 2018 年,纠缠误码率已达到 3%[19]。已知的误码来源,如原子的加热和当前实验中里德堡态的有限辐射寿命,不足以解释 3% 这个误码率值,但我们知道,由于里德堡原子的磁化率高,因此吸附在容器表面的原子和分子所产生的电场波动会在双量子比特门中生成更多的误码。通过开发适合的表面涂层，可以解决这个问题。这项技术与超导、离子阱量子比特竞争的关键在于双量子比特门的实验改进。

最终可扩展性： 中性原子的囚禁机制与囚禁离子不同，但该方法使用的控制和测量层类似。单个阵列可以控制的量子比特数量有限，未来进一步扩展的方案是使用光子纠缠来连接多个阵列，同样类似于为囚禁离子系统开发的体系结构。

D.3　半导体量子比特

半导体量子比特可以分为两种类型，区别在于控制它们的方法是光还是电。光子半导体量子比特通常使用的是光学活性缺陷或量子点，引发光子之间的强有效耦合，而电子半导体量子比特使用光刻金属门上的电压来对生成量子比特的电子进行限制和控制，该技术与当前的经典计算电子学非常相似。使用光子半导体量子比特可以实现光子间的强有效相互作用，大大增强了光子量子比特的性能，例如，可以作为实现光子量子存储器的方法。电子半导体量子比特比较有吸引力，因为它们的制造和控制方法与经典计算电子学的方法非常相似，可以实现大规模投资，实现经典电子学的大幅扩展，从而促进量子计算机的扩展。

D.3.1　晶体中的光子量子比特

光子半导体量子比特是半导体（通常是晶体中的缺陷或主体材料中的量子点）系统，其光学响应取决于缺陷或量子点的量子态。缺陷和量子点系统存在一些互补的优点和缺点，也有许多共同点。半导体中的光学活性缺陷或量子点生成的量子比特，可以将强非线性引入光子，在通信和传感应用中可能具有变革性。

金刚石中的氮空位（NV）中心是一种备受关注的缺陷系统[20-21]。这种缺陷包含一个取代碳原子的氮原子，以及一个空位，是一种顺磁中心，可以用光学方法进行控制和测量。研究人员已实现了单个氮空位中心的初始化、控制和测量[22]。研究人员已在其他材料中的缺陷中心实现了量子控制，包括碳化硅中的空位[23]。值得注意的是，这些系统的量子相干性可以在室温下持续存在[24]。由于其在高温下的量子相干性和良好的生物相容性，半导体中的光学活性缺陷中心可能会有重要的应用（如量子传感）[25]，包括生物应用[26]。

这些量子比特间的双量子比特门，要么需要非常接近[27]（数十纳米），造成探测器的光学寻址非常困难，要么需要使用光子来耦合[28]。使用光子能够使量子比特相隔数米，但由于缺陷和光子间的相互作用往往很弱，因此生成纠缠的门往往需要很长时间（通常纠缠运算需要进行多次尝试才可能成功）。尽管可以实现成功的门运算，但缓慢的纠缠速率会造成大量量子比特之间生成纠缠的过程十分复杂。

研究证明，光学活性量子点也有望用于需要量子相干性的应用中。研究人员利用量子点之间的隧道耦合实现了双量子比特门[29]，实现了光子与量子点之间的强耦合[30]，从而有望用于研发高保真度的光子介导双量子比特门。这类系统中的量子比特速度往往很快，但退相干速度也很快。由于量子点和光子之间存在强耦合，因此可以作为集成光量子计算的机制，具有较强的吸引力。还能够生成3个光子的纠缠态[31]，实现光子电路的量子存储器[32]。

材料开发将是改进光子半导体量子比特的关键。对于半导体中的缺陷中心，缺陷与晶格激发之间的耦合非常弱，需要找到缺陷与材料的组合，这样基本上所有的光衰都不会将能量转移到晶格。已有一些重要的研究表明，理论技术在预测新材料中的鲁棒量子比特方面具有重要性和可观前景[33]，但这方面还需要做更多的工作。提高光子和缺陷之间相对较弱的耦合也很重要。通过改进光场的控制来提高耦合，近期已取得了许多进展，有可能实现进一步改进。这也与自旋退相干的机制和增加量子相干时间的方法研究有关[34]。对于量子点而言，目前的主要限制在于，控制良好和可重现的制造方法的开发很困难。由于量子点的光学性质取决于其大小和形状，因此均匀和可预测的量子点的大小是关键。

最终可扩展性：要确保光能够单独处理每个量子比特，这一需求给量子比特的数量带来很大的限制，因此将这些系统的量子比特扩展至非常大的数量会很难。然而，量子比特的互连非常重要，有一种方法可以将基于材料的量子比特与光学光子相连接，且能够在非常远的距离上保持相干性[35]。此外，由于可以用于传感应用，因此具有中等数量量子比特的商用系统十分重要。当量子比特数量扩展至信息处理应用相关的规模时，商用量子系统的制造就具备了可行性。

D.3.2　电子半导体量子比特

由于量子比特很小，且制作方法与经典电子学中使用的非常相似，因此电子半导体量子计算技术可能会实现量子比特数量的极大扩展。可以在半导体表面上利用光刻金属门上的电压来限制和控制电子半导体量子比特[36]。制作和光刻方法与经典电子学使用的方法非常相似,方法的相似性可能会吸引大量的投资,从而实现经典电子设备的扩展,可以通过这种方法将量子比特的数量扩展得非常大。

然而,在这一平台上,即使是生成单个的量子比特,也需要开发大量的材料和技术,研究人员近期实现了高保真度的单量子比特门[37]。过去几年来,一些研究团队实现了高保真度的单量子比特门,且在高保真度双量子比特门的实现方面有了实质性的进展[38],近期研究人员已在可编程双量子比特量子计算机上实现了量子算法[39]。推动这些进展的一个关键因素是新材料系统和光刻方法的发展,使得实验者能够克服以前的材料平台和光刻方法的局限性。第一批电子半导体量子比特是在砷化镓和铝砷化镓的异质结构中制备的[40],但是在这种材料体系中,主体材料的核自旋的退相干效应使得高保真度的门运算的实现变得十分复杂。硅结构中的量子比特的发展[41-43]大幅减少了核自旋的退相干,因为天然硅具有丰富的零自旋核同位素,近期研究人员已实现将富含同位素的硅中 99% 以上的核自旋为零,进一步大幅增加了相干时间[44]。另一个重要的进展是新设备的设计,可以实现更紧凑的门模式,设备从掺杂模式转变为积累模式。这些变化使得小型(25 nm)量子点设备的制造具有合理的产量。

目前该领域所面临的挑战是开发可靠的高保真度双量子比特门。目前双量子比特门的误码率[45-48]约为 10%,需要进一步改进才能实现容错运算。目前,这些设备中的电荷噪声限制了门的相干性,但研究人员近期提出了一种方法,有望在近期内实现高保真度的门[49-52]。近期的进展十分迅速,但目前大学的制造设备使用非常薄的氧化层来区分复杂的多层门,制造产量一般,限制了进展。随着工业界(包括 HRL 实验室和英特尔公司)以及美国能源部(DOE)实验室(如桑迪亚国家实验室)的参与,制造产量有望得到迅速提高。

理论上,电子半导体量子比特可以扩展至数十亿个量子比特,因为其制作方法与经典电子学的方法非常相似,且量子比特的活动范围基本小于 1 μm^2。在实践中,除了开发具有所需保真度的双量子比特门之外,还需要改进测量的保真度,使测量方法与大规模的量子比特阵列兼容。此外,由于冷却要求、控制策略和量子比特控制电压的频率范围都与超导量子比特相似,因此需要解决的串扰和输出问题也与超导量子比特类似。系统中的这些问题将特别具有挑战性,因为量子比特之间的间距非常小,会导致导线重合在一起,很难创建连接量子比特的可扩展控制/测量层。

D.4　拓扑量子比特

拓扑量子计算体系结构是一种构建量子比特的方法，可以合理地实现极低的自然误码率，因此不需要使用逻辑量子比特来实现纠错，或者至少可以用更少的开销来实现纠错。如果能够成功，那么与其他方法相比，这种方法将大大减少实现计算所需的物理量子比特的数量，解决在经典计算机上无法处理的问题。因此，对于量子计算机的扩展来说，这可能是一条很有潜力的途径。

拓扑量子计算能使物理量子比特的运算具有极高的保真度，因为量子比特运算受到在微观层级上实现的拓扑对称性的保护。量子信息的拓扑保护也是表面码的基础，因此可以把拓扑量子计算看作是纠错机制在微观物理中的实现，而不是在非拓扑量子比特上应用纠错算法。针对经典计算机难以求解的具有商业意义的问题，使用拓扑量子计算能够获得极高的保真度，且无须承担纠错时的大量开销，这些潜力是微软等公司对量子计算方法进行重大投资的强劲动力。然而，委员会注意到，与本报告所述的其他技术相比，这项技术的进展程度要落后得多。在撰写本报告(2018 年)时，即使是通过实验来实现单量子比特的运算，也需要一些复杂的步骤[53]。

为实现拓扑量子计算，需要构造一个具有大量简并基态的系统，而这些基态无法从局部变化中获得。图 D.1 是有关当前实现拓扑量子计算实验的简单示例。该图描述的无自旋费米子系统的基态可以看作是相邻位置上的马约拉纳费米子的集合，末端有两个“空余”位置。未配对的马约拉纳费米子的距离可以任意远，将它们重组则需要改变整个系统的量子态，因此激发对局部扰动具有极强的抵抗力。

图 D.1　支持马约拉纳零模的一维(1D)系统示意图。每个无自旋费米子分解成两个马约拉纳费米子，一个位置一个(用 γ 表示，图中的红点)。将马约拉纳费米子进行配对(用粗线连接表示)，链的两端是两个零能量的马约拉纳模。两端之间的巨大空间间隔是该结构实现量子计算的抗退相干的基础

资料来源：J. Alicea, Y. Oreg, G. Refael, F. von Oppen, and M.P.A. Fisher, 2011, Non-Abelian statistics and topological quantum information processing in 1D wire networks, Nature Physics 7(5)：412–417.

基塔耶夫(Kitaev)的研究(2003)引发了人们对于研发支持马约拉纳零模的材料系统的兴趣。研究表明,如果能够适当地构造、控制这些拓扑激发,就可以制造量子计算机[54]。研究人员进行了很多研究,使得创建一个合理的系统在实验上变得更加可行。近期的研究表明,如果能够构建、测量具有强自旋-轨道耦合的材料的纳米线阵列,与超导薄膜进行强耦合,高度抑制单粒子的激发,就可以实现量子计算[55]。虽然实验还未实现马约拉纳零模的复杂控制,但强有力的证据表明,纳米线在末端有激发,随着线的长度增加,相互作用会呈指数衰减[56]。如果一个控制良好的材料系统能支持马约拉纳零模,那么估计通过相当简单的实验,就可以实现复杂的量子比特运算[57]。然而要做到这一点,仍然面临着大量关于材料和制作方面的挑战。需要解决的难题是,超导纳米线上的激发是通过耦合到非超导量子点来测量的,不同系统之间的耦合需要进行良好的控制和调节,才能实现必要的运算。

一旦实验成功实现了对马约拉纳零模的复杂控制和测量,那么就可以确定,实验是否确实达到了理论所预测的良好保真度。如果实验测量的保真度的确会随着微米级纳米线的长度呈指数增长,那么一般长度的纳米线就可以得到具有极高保真度的门。

值得注意的是,与表面码的实现类似,克利福德门的实现预计要比通用量子计算所需的另一种门(通常称为"T门")的实现更直接。根据近期理论研究的预测,可以使用与克利福德门相同的硬件架构来实现高保真度的T门[58],但要通过该技术来实现通用量子计算机,就必须先实现这些门。

如前文所述,为实现拓扑量子计算机的单量子比特门,需要克服材料、制作及测量的巨大挑战。然而,有可能实现不需要纠错或基本不需要纠错的极高保真度的门,是研究这种方法的强烈动力。一方面是因为量子纠错的实现面临挑战,另一方面是因为采用这种方法的量子计算机会比采用纠错架构的要小型得多。

D.5　参考文献

［1］J. Yin, Y. Cao, Y. -H. Li, S. -K. Liao, L. Zhang, J. -G. Ren, W. -Q. Cai, et al., 2017, Satellite-based entanglement distribution over 1200 kilometers, Science 356：1140–1144.

［2］S.J. Freedman and J.F. Clauser, 1972, Experimental test of local hidden-variable theories, Physical Review Letters 28：938–941.

［3］J. W. Silverstone, D. Bonneau, J. L. O'Brien, and M. G. Thompson, 2016, Silicon quantum photonics，IEEE Journal of Selected Topics in Quantum Electronics 22：390-402.

［4］E. Knill，R. Laflamme，and G. J. Milburn，2001，A scheme for efficient quantum computation with linear optics，Nature 409：46-52.

［5］T. Rudolph，2017，Why I am optimistic about the silicon-photonic route to quantum computing，APL Photonics 2：030901.

［6］M.K. Akhlaghi，E. Schelew，and J. F. Young，2015，Waveguide integrated superconducting single-photon detectors implemented as near-perfect absorbers of coherent radiation，Nature Communications 6：8233.

［7］T. Rudolph，2017，Why I am optimistic about the silicon-photonic route to quantum computing，APL Photonics 2：030901.

［8］M. Khoshnegar，T. Huber，A. Predojević，D. Dalacu，M. Prilmüller，J. Lapointe，X. Wu，P. Tamarat，B. Lounis，P. Poole，G. Weihs，and H. Majedi，2017，A solid state source of photon triplets based on quantum dot molecules，Nature Communications 8：15716.

［9］X. -L.Wang，Y-H. Luo，H. -L. Huang，M. -C. Chen，Z. -E. Su，C. Liu，C. Chen，et al.，2018，18-qubit entanglement with six photons' three degrees of freedom，Physical Review Letters，doi：10.1103/PhysRevLett.120.260502.

［10］参见：J.W. Silverstone，D. Bonneau，J.L. O'Brien，and M.G. Thompson，2016，Silicon quantum photonics，IEEE Journal of Selected Topics in Quantum Electronics22：390 -402；

T. Rudolph，2017，Why I am optimistic about the silicon-photonic route to quantum computing，" APL Photonics 2：030901.

［11］M. Saffman，2016，Quantum computing with atomic qubits and Rydberg interactions：Progress and challenges，Journal of Physical B 49：202001.

［12］D.S. Weiss，and M. Saffman，2017，Quantum computing with neutral atoms，Physics Today 70：44.

［13］J.D. Pritchard，J.A. Isaacs，M.A. Beck，R. McDermott，and M. Saffman 2014，Hybrid atom-photon quantum gate in a superconducting microwave resonator，Physical Review A 89：01031.

［14］H. Bernien，S. Schwartz，A. Keesling，H. Levine，A. Omran，H. Pichler，S. Choi，et al.，2017，"Probing Many-Body Dynamics on a 51-Atom Quantum Simulator," preprint arXiv：1707.04344.

［15］M. Saffman，2016，Quantum computing with atomic qubits and Rydberg interactions：

Progress and challenges, Journal of Physical B 49: 202001.

[16] B. A. Dinardo and D. Z. Anderson, 2016, A technique for individual atom delivery into a crossed vortex bottle beam trap using a dynamic 1D optical lattice, Review of Scientific Instruments 87: 123108.

[17] T. Xia, M. Lichtman, K. Maller, A. W. Carr, M. J. Piotrowicz, L. Isenhower, and M. Saffman, 2015, Randomized benchmarking of single-qubit gates in a 2D array of neutral-atom qubits, Physical Review Letters 114: 100503.

[18] M. Saffman, 2016, Quantum computing with atomic qubits and Rydberg interactions: Progress and challenges, Journal of Physical B 49: 202001.

[19] H. Levine, A. Keesling, A. Omran, H. Bernien, S. Schwartz, A. S. Zibrov, M. Endres, M. Greiner, V. Vuletić, and M. D. Lukin, 2018, "High-Fidelity Control and Entanglement of Rydberg Atom Qubits," preprint arXiv: 1806.04682.

[20] M. W. Doherty, N. B. Manson, P. Delaney, F. Jelezko, J. Wrachtrup, and L. C. L. Hollenberg, 2013, The nitrogen-vacancy colour centre in diamond, Physics Reports 528: 1-45.

[21] V. V. Dobrovitski, G. D. Fuchs, A. L. Falk, C. Santori, and D. D. Awschalom, 2013, Quantum control over single spins in diamond, Annual Review of Condensed Matter Physics 4: 23-50.

[22] T. Gaebel, M. Domhan, I. Popa, C. Wittmann, P. Neumann, F. Jelezko, J.R. Rabeau, et al., 2006, Room-temperature coherent coupling of single spins in diamond, Nature Physics 2: 408-413.

[23] W. F. Koehl, B. B. Buckley, F. J. Heremans, G. Calusine, and D. D. Awschalom, 2011, Room temperature coherent control of defect spin qubits in silicon carbide, Nature 479: 84-88.

[24] 参见: T. Gaebel, M. Domhan, I. Popa, C. Wittmann, P. Neumann, F. Jelezko, J.R. Rabeau, et al., 2006, Room-temperature coherentcoupling of single spins in diamond, Nature Physics 2: 408-413;
W.F. Koehl, B.B. Buckley, F.J. Heremans, G. Calusine, and D.D. Awschalom, 2011, Room temperature coherent control of defect spin qubits in silicon carbide, Nature 479: 84-88.

[25] J. M. Taylor, P. Cappellaro, L. Childress, L. Jiang, D. Budker, P. R. Hemmer, A. Yacoby, R. Walsworth, and M.D. Lukin, 2008, High-sensitivity diamond magnetometer with nanoscale resolution, Nature Physics 4: 810-816.

[26] D. Le Sage, K. Arai, D.R. Glenn, S.J. DeVience, L.M.Pham, L. Rahn-Lee, M.D. Lukin,

A. Yacoby, A. Komeili, and R. L. Walsworth, 2013, Optical magnetic imaging of living cells, Nature 496: 486-489.

[27] F. Dolde, I. Jakobi, B. Naydenov, N. Zhao, S. Pezzagna, C. Trautmann, J. Meijer, P. Neumann, F. Jelezko, and J. Wrachtrup, 2013, Room-temperature entanglement between single defect spins in diamond, Nature Physics 9: 139-143.

[28] H. Bernien, B. Hensen, W. Pfaff, G. Koolstra, M.S. Blok, L. Robledo, T.H. Taminiau, M. Markham, D. J. Twitchen, L. Childress, and R. Hanson, 2013, Heralded entanglement between solid-state qubits separated by three metres, Nature 497: 86-90.

[29] D. Kim, S. G. Carter, A. Greilich, A. S. Bracker, and D. Gammon, 2011, Ultrafast optical control of entanglement between two quantum-dot spins, Nature Physics 7: 223-229.

[30] K. Müller, A. Rundquist, K.A. Fischer, T. Sarmiento, K.G. Lagoudakis, Y.A. Kelaita, C. Sánchez Muñoz, E. del Valle, F. P. Laussy, and J. Vučković, 2015, Coherent generation of nonclassical light on chip via detuned photon blockade, Physical Review Letters 114: 233601.

[31] M. Khoshnegar, T. Huber, A. Predojević, D. Dalacu, M. Prilmüller, J. Lapointe, X. Wu, P. Tamarat, B. Lounis, P. Poole, G. Weihs, and H. Majedi, 2017, A solid state source of photon triplets based on quantum dot molecules, Nature Communications 8: 15716.

[32] K. Heshami, D.G. England, P.C. Humphreys, P.J. Bustard, V.M. Acosta, J. Nunn, and B.J. Sussman, 2016, Quantum memories: Emerging applications and recent advances, Journal of Modern Optics 63: S42-S65.

[33] J.R. Weber, W.F. Koehl, J.B. Varley, A. Janotti, B.B. Buckley, C.G. Van de Walle, and D.D. Awschalom, 2010, Quantum computing with defects, Proceedings of the National Academy of Sciences of the U.S.A. 8513-8518.

[34] H. Seo, A.L. Falk, P.V. Klimov, K.C. Miao, G. Galli, and D.D. Awschalom, 2016, Quantum decoherence dynamics of divacancy spins in silicon carbide, Nature Communications 7: 12935.

[35] J. Yin, Y. Cao, Y. -H. Li, S. -K. Liao, L. Zhang, J. -G. Ren, W. -Q. Cai, et al., 2017, Satellite-based entanglement distribution over 1200 kilometers, Science 356: 1140-1144.

[36] D. Loss and D.P. DiVincenzo, 1998, Quantum computation with quantum dots, Physical Review A57: 120-126.

[37] J.J. Pla, K.Y. Tan, J.P. Dehollain, W.H. Lim, J.J. Morton, D.N. Jamieson, A.S. Dzurak, and A. Morello, 2012, A single-atom electron spin qubit in silicon, Nature 489:

541-545.

[38] 参见：M. Veldhorst, C. H. Yang, J. C. C. Hwang, W. Huang, J. P. Dehollain, J. T. Muhonen, S. Simmons, A. Laucht, F. E. Hudson, K. M. Itoh, A. Morello, and A. S. Dzurak, 2015, A two-qubit logic gate in silicon, Nature 526：410-414；

J. M. Nichol, L. A. Orona, S. P. Harvey, S. Fallahi, G. C. Gardner, M. J. Manfra, and A. Yacoby, 2017, High-fidelity entangling gate for double-quantum-dot spin qubits, npj Quantum Information 3：3；

D. M. Zajac, A. J. Sigillito, M. Russ, F. Borjans, J. M. Taylor, G. Burkard, and J. R. Petta, 2017, "Quantum CNOT Gate for Spins in Silicon," preprint arXiv：1708.03530.

[39] T. F. Watson, S. G. J. Philips, E. Kawakami, D. R. Ward, P. Scarlino, M. Veldhorst, D. E. Savage, M. G. Lagally, M. Friesen, S. N. Coppersmith, M. A. Eriksson, L. M. K. Vandersypen, 2017, "A Programmable Two-Qubit Quantum Processor in Silicon," preprint arXiv：1708.04214.

[40] 参见：J. R. Petta, A. C. Johnson, J. M. Taylor, E. A. Laird, A. Yacoby, M. D. Lukin, C. M. Marcus, M. P. Hanson, and A. C. Gossard, 2005, Coherent manipulation of coupled electron spins in semiconductor quantum dots, Science 309：2180-2184；

M. D. Shulman, O. E. Dial, S. Pasca Harvey, H. Bluhm, V. Umansky, and A. Yacoby, 2012, Demonstration of entanglement of electrostatically coupled singlet-triplet qubits, Science 336：202-205.

[41] J. J. Pla, K. Y. Tan, J. P. Dehollain, W. H. Lim, J. J. Morton, D. N. Jamieson, A. S. Dzurak, and A. Morello, 2012, A single-atom electron spin qubit in silicon, Nature 489：541-545.

[42] F. A. Zwanenburg, A. S. Dzurak, A. Morello, M. Y. Simmons, L. C. L. Hollenberg, G. Klimeck, S. Rogge, S. N. Coppersmith, and M. A. Eriksson, 2013, Silicon quantum electronics, Reviews of Modern Physics 85：961-1019.

[43] D. Kim, Z. Shi, C. B. Simmons, D. R. Ward, J. R. Prance, T. Seng Koh, J. King Gamble, D. E. Savage, M. G. Lagally, M. Friesen, S. N. Coppersmith, and M. A. Eriksson, 2014, Quantum control and process tomography of a semiconductor quantum dot hybrid qubit, Nature 511：70-74.

[44] M. Veldhorst, C. H. Yang, J. C. C. Hwang, W. Huang, J. P. Dehollain, J. T. Muhonen, S. Simmons, A. Laucht, F. E. Hudson, K. M. Itoh, A. Morello, and A. S. Dzurak, 2015, A two-qubit logic gate in silicon, Nature 526：410-414.

[45] J. M. Nichol, L. A. Orona, S. P. Harvey, S. Fallahi, G. C. Gardner, M. J. Manfra, and A. Yacoby, 2017, High-fidelity entangling gate for double-quantum-dot spin qubits, npj

Quantum Information 3: 3.

[46] M. Veldhorst, C.H. Yang, J.C.C. Hwang, W. Huang, J.P. Dehollain, J.T. Muhonen, S. Simmons, A. Laucht, F.E. Hudson, K.M. Itoh, A. Morello, and A.S. Dzurak, 2015, A two-qubit logic gate in silicon, Nature 526: 410-414.

[47] T.F. Watson, S.G.J. Philips, E. Kawakami, D.R. Ward, P. Scarlino, M. Veldhorst, D.E. Savage, M. G. Lagally, M. Friesen, S. N. Coppersmith, M. A. Eriksson, L. M. K. Vandersypen, 2017, "A Programmable Two-Qubit Quantum Processor in Silicon," preprint arXiv: 1708.04214.

[48] D.M. Zajac, A.J. Sigillito, M. Russ, F. Borjans, J.M. Taylor, G. Burkard, and J.R. Petta, 2017, "Quantum CNOT Gate for Spins in Silicon," preprint arXiv: 1708.03530.

[49] J.M. Nichol, L.A. Orona, S.P. Harvey, S. Fallahi, G.C. Gardner, M.J. Manfra, and A. Yacoby, 2017, High-fidelity entangling gate for double-quantum-dot spin qubits, npj Quantum Information 3: 3.

[50] M.D. Reed, B.M. Maune, R.W. Andrews, M.G. Borselli, K. Eng, M.P. Jura, A.A. Kiselev, T.D. Ladd, S.T. Merkel, I. Milosavljevic, and E.J. Pritchett, 2016, Reduced sensitivity to charge noise in semiconductor spin qubits via symmetric operation, Physical Review Letters 116(11): 110402.

[51] F. Martins, F.K. Malinowski, P.D. Nissen, E. Barnes, S. Fallahi, G.C. Gardner, M.J. Manfra, C.M. Marcus, and F. Kuemmeth, 2016, Noise suppression using symmetric exchange gates in spin qubits, Physical Review Letters 116: 116801.

[52] T. F. Watson, S.G.J. Philips, E. Kawakami, D.R. Ward, P. Scarlino, M. Veldhorst, D. E. Savage, M.G. Lagally, M. Friesen, S.N. Coppersmith, M.A. Eriksson, and L.M.K. Vandersypen, 2017, "A Programmable Two-Qubit Quantum Processor in Silicon," preprint arXiv: 1708.04214.

[53] R.M. Lutchyn, E.P.A.M. Bakkers, L.P. Kouwenhoven, P. Krogstrup, C.M. Marcus, and Y. Oreg , 2017, "Realizing Majorana Zero Modes in Superconductor-Semiconductor Heterostructures," preprint arXiv: 1707.04899.

[54] A.Y. Kitaev, 2003, Fault-tolerant quantum computation by anyons, Annals of Physics 303: 2-30.

[55] T. Karzig, C. Knapp, R.M. Lutchyn, P. Bonderson, M.B. Hastings, C. Nayak, J. Alicea, K. Flensberg, S. Plugge, Y. Oreg, C.M. Marcus, and M.H. Freedman, 2017, Scalable designs for quasiparticle-poisoning-protected topological quantum computation with Majorana zero modes, Physical Review B 95: 235305.

[56] M. T. Deng, S. Vaitiekffnas, E. B. Hansen, J. Danon, M. Leijnse, K. Flensberg, J.

Nygård，P. Krogstrup，and C. M. Marcus，2016，Majorana bound state in a coupled quantum-dot hybrid-nanowire system，Science 354：1557–1562.

[57] T. Karzig，C. Knapp，R.M. Lutchyn，P. Bonderson，M.B. Hastings，C. Nayak，J. Alicea，K. Flensberg，S. Plugge，Y. Oreg，C.M. Marcus，and M. H. Freedman，2017，Scalable designs for quasiparticle-poisoning-protected topological quantum computation with Majorana zero modes，Physical Review B 95：235305.

[58] J. Haah，M.B. Hastings，D. Poulin，and D. Wecker，2017，"Magic State Distillation with Low Space Overhead and Optimal Asymptotic Input Count，" preprint arXiv：1703.07847.

E 全球研发投资

近期美国达尔格伦海军水面作战研究中心的研究人员进行了一项文献计量分析，给出了各国面向公众的研究成果时间曲线（图 E.1）。根据该分析，自 1996 年以来，美国各机构在量子计算和量子算法方面的研究论文数量超过了任何一个国家。然而，2006 年以后中国的研究成果显著增加。2012 年以来，两国每年的研究论文数量都远远超过所有其他国家。如果将后量子密码和量子密钥分发都包括在内，那么中国每年发表的论文数量已经超过了美国（其中大量引用了美国的论文）。

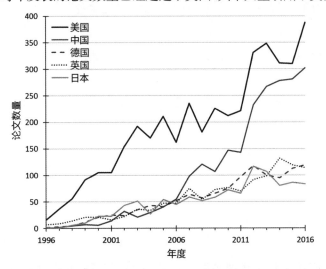

图 E.1　量子计算和算法领域的全球五大国家发表的论文数量。仅包括可供公众查阅的研究出版物。数据是美国达尔格伦海军水面作战研究中心的一个团队进行文献计量分析的结果

资料来源：杰克·法林霍尔特(Jack Farinholt)。

最近各国公布的国家级量子科学与技术项目方案值得注意,可能会在未来几年改变当前的研究现状。表 7.2 对这些方案进行了总结,反映了各国政府致力于占据量子信息科学与技术的领导者地位。一般来说,量子信息科学与技术包含许多领域,并不仅仅指量子计算。

E.1 欧盟旗舰量子技术

20 多年来欧盟一直支持量子科学与技术的研究,其研发框架方案的累计预算约 5.5 亿欧元。2016 年,来自学术界、工业界和政府的 3 000 多人签署了一份量子技术研发战略("量子宣言"),并提交给欧盟委员会(EC)。不久之后,根据这一战略,欧盟委员会宣布了一项雄心勃勃的量子技术旗舰研究计划,该计划始于2018 年,预算 10 亿欧元、为期 10 年,是欧盟委员会"地平线 2020"研究计划的一部分,项目资金来自"地平线 2020"研究计划和其他的欧盟国家。量子宣言和后续的规划文件明确了研发的四个主要领域:量子通信、量子计算、量子模拟、量子传感与计量。每个领域都包含三个维度:教育/培训、软件/理论,以及工程/控制。2017 年 10 月公布了该方案的第一次提案征集,主要针对五个领域,项目由三个以上欧洲国家参与,三个以上不同研究机构进行合作研究,每个项目都有资格获得高达 1.3 亿欧元的资金[1-2]。

在该旗舰计划之下,涌现出了一些国家专属的其他项目。例如,瑞典瓦伦堡量子技术中心于 2017 年宣布成立,由瓦伦堡基金会(6 亿瑞典克朗)和工业界(4亿瑞典克朗)资助。该项目的目标包括了欧盟量子技术旗舰计划,10 年内的核心目标是开发 100 量子比特的超导量子计算机。四所大学参与该项目,包括一所专门的研究生院,旨在招募新的教职人员和研究科学家,建立一支量子团队,项目到期后该团队将继续存在[3-4]。

E.2 英国国家量子技术计划

2014 年,英国工程和物理科学研究委员会发起了一项全国范围的国家计划,以支持、加快量子技术的发展。英国国家量子技术计划的资助额为 2.7 亿英镑,历时 5 年,重点包括量子传感与计量、量子增强成像、网络化量子信息技术,以及量子通信技术。虽然量子科学的研究在已有的资助机制下继续进行,但该计划是专门用于将科学成果转化为实用技术和应用,使英国在该领域处于领导者地位。管理该计划的是一个国际成员参与的战略咨询委员会,该委员会每年召开三次会议,监督、协调项目活动,参与制定未来技术的路线和远景规划。还有一个项目运营小组,每年召开六次会议,以促进政府机构之间的协调[5]。

E.3　澳大利亚量子计算与通信技术中心

2017 年,澳大利亚研究委员会(ARC)通过卓越中心计划对量子计算与通信技术中心进行了资助。该中心由新南威尔士大学牵头,七年内的资助额为 3370 万美元,重点研究量子通信、光量子计算、硅量子计算,以及量子资源与集成等领域。该中心包括澳大利亚六所大学的设施,以及与国外大学的正式合作伙伴关系。除了组件技术开发外,该中心还重点关注量子计算机的扩展、集成以及将量子技术推向市场,包括开发量子互联网的愿景。

E.4　中国量子信息科学国家实验室

近期许多新闻都报道了中国研究人员在量子通信和量子密码领域的进展。通过卫星和长距离光纤进行量子通信的实验受到了广泛的关注。中国在北京和上海之间建立了城际量子密钥分发(QKD)信道。近期,中国首次利用卫星和地面连接实现了国际量子密钥分发,中国与维也纳进行了首次量子加密视频电话会议。据报道,尽管通信线路包含一些安全弱点和经典的中转,但首次实现了利用量子密钥分发进行洲际通信[6]。

除了公开报道的量子通信进展外,中国于 2017 年宣布,计划在安徽合肥建设量子信息科学国家实验室,预计将历时 2.5 年建成。虽然该实验室关注量子技术的一系列应用,但重点仍是量子计量学和量子计算,目标是在 2020 年实现量子优越性[7]。

E.5　参考文献

[1] A. Acín, I. Bloch, H. Buhrman, T. Calarco, C. Eichler, J. Eisert, D. Esteve, et al., 2017, "The European Quantum Technologies Roadmap," arXiv: 1712.03773.
[2] European Commission, 2016, "European Commission Will Launch € 1 Billion Quantum

Technologies Flagship," May 17，https://ec. europa. eu/digital-single-market/en/news/ european-commission-will-launch-eu1-billion-quantum-technologies-flagship.

［3］Chalmers University of Technology，2017，"Engineering of a Swedish Quantum Computer Set to Start," EurekAlert!，November 15，https://www. eurekalert. org/pub_releases/ 2017-11/cuot-eoa111417.php.

［4］Chalmers University of Technology，2017，"Research Programme Description: Wallenberg Centre for Quantum Technology," Chalmers University of Technology，http://www. chalmers. se/en/news/Documents/programme_description_WCQT_171114_eng.pdf.

［5］U.K. National Quantum Technologies Programme，"Overview of Programme," updated 2018，http://uknqt.epsrc.ac.uk/about/overview-of-programme/.

［6］S. Chen，2018，"Why This Intercontinental Quantum-Encrypted Video Hangout Is a Big Deal," Wired.com，January 20，https://www. wired. com/story/why-this-intercontinental- quantum-encrypted-video-hangout-is-a-big-deal/.

［7］S. Chen，2017，"China Building World's Biggest Quantum Research Facility," South China Morning Post，September 11，http://www. scmp. com/news/china/society/article/ 2110563/china-building-worlds-biggest-quantum-research-facility.

F 缩略语

1D	一维
2D	二维
3D	三维
ACM	美国计算机协会
ADC	模数转换器
AES	高级加密标准
API	应用程序接口
AQC	绝热量子计算
ARC	澳大利亚研究委员会
AWG	任意波形发生器
BOG	生成合并输出
BQP	有界误差量子多项式时间

CA	证书颁发机构
CAM	内容寻址存储器
CMOS	互补金属氧化物半导体
CNOT	受控非门
CSTB	计算机科学与电信委员会
CW	连续波
DC	直流电
DES	数据加密标准
DOD	美国国防部
DOE	美国能源部
DSL	特定领域语言
EC	欧盟委员会
ECC	纠错码
ECDSA	椭圆曲线数字签名算法
EM	电磁
FFT	快速傅里叶变换
FPGA	现场可编程逻辑门阵列
GaAs	砷化镓
GCM	伽罗瓦计数器模式
GDP	国内生产总值
HOG	生成大量输出
IC	集成电路
IEEE	电气与电子工程师学会
ISA	指令集体系结构
iSWAP	跨链聚合协议

JJ	约瑟夫森结
LDPC	低密度奇偶校验
LMSS	Leighton-Micali 签名方案
LWE	容错学习
NCWIT	美国妇女与信息技术中心
NISQ	嘈杂中型量子计算机
NIST	美国国家标准与技术研究所
NP	非确定性多项式时间
NSF	美国国家科学基金会
NV	氮空位
P	多项式时间
PQC	后量子密码
QA	量子算法
QA	量子退火
QAOA	量子近似优化算法
QC	量子计算机/量子计算
QEC	量子纠错
QECC	量子纠错码
QEM	量子误码抑制
QFS	量子傅里叶采样
QFT	量子傅里叶变换
QIR	量子中间表示
QIST	量子信息科学与技术
QKD	量子密钥分发
QRAM	量子随机存取存储器
Qubit	量子比特

R&D 　　　研发

RAM 　　　随机存取存储器

RBM 　　　随机基准测试

RCS 　　　随机电路采样

RF 　　　　射频

RISC 　　　精简指令集计算机

RQL 　　　互易量子逻辑

RSA 　　　Rivest-Shamir-Adleman 加密机制

SFQ 　　　单通量量子

SVP 　　　最短向量问题

TLS 　　　传输层安全

UV 　　　　紫外线

VLSI 　　　超大规模集成

VQE 　　　变分量子本征值求解器

G　术语表

抽象　计算机系统设计的一种不同模型(表示方法或思维方式),允许用户将注意力集中在要设计的系统组件的重要方面。

绝热量子计算机　一种理想化的模拟通用量子计算机,工作温度为 0 K(绝对零度)。它的计算能力与基于门的量子计算机相同。

算法　计算机求解某个问题或执行某项任务的特定方法,通常用数学术语来描述。

模拟计算机　基于模拟信号进行运算的计算机,没有使用布尔逻辑运算,也无法消除噪声。

模拟量子计算机　在执行计算时不会将运算分解为少量量子比特基本运算(门)的量子计算机。目前还没有完全容错的模拟量子计算机模型。

模拟信号　值在实数或复数的范围内平稳变化的信号。

非对称加密（也称公钥加密）　一种加密系统，使用对所有人公开的公钥和所有者私有的私钥。今天大多数电子通信加密中的密钥交换协议通常采用此类系统。

基　任意一组跨越向量空间的线性无关的向量。一个或一组量子比特的波函数通常可以写成基函数或基态的线性组合。对于单个量子比特，最常见的基是 $\{|0\rangle, |1\rangle\}$，与经典比特的状态相对应。

二进制表示　一组二进制数字，其中每个数字只有两种可能的值，0 或 1，用于编码数据，并在此基础上执行计算机级别的计算。

证书颁发机构　颁发数字证书的实体，以证明在线交易中所使用的公钥的所有权。

密码　一种通过编码来隐藏信息内容的方法。

密文　信息的加密形式，看起来杂乱无章或者毫无意义。

经典攻击　利用经典计算机来破解、破译密码。

经典计算机　今天的商用计算机，其信息处理不是基于量子信息理论。

编码理论　为特定的应用设计编码方案的科学，例如，可以使双方在有噪声的信道上进行通信。

相干性　量子系统的性质，可以产生量子现象，如干涉、叠加和纠缠。从数学上讲，当量子态的复系数能够互相明确时，则量子系统是相干的，且系统可以用单个波函数来表示。

坍缩　测量量子系统时出现的一种现象，系统恢复到一种可观察的状态，造成系统波函数的其他所有状态丢失。

碰撞　在散列函数中，两个不同的输入得到了相同输出或散列值。

复杂性类　根据计算任务的复杂性对其进行定义和分组的类别。

计算复杂度　执行特定计算任务的难度，通常用数学表达式表示，反映了完成任务所需的步骤数量如何随问题的输入而变化。

计算深度　执行给定任务所需的运算序列数量。

级联　按顺序连接两个序列。在量子纠错中，指的是依次执行两种或多种量子纠错协议。

控制和测量层　用于描述量子计算机组件的一种抽象，指的是对量子比特进行运算以及测量其状态所需的组件。

控制处理器层　用于描述量子计算机组件的一种抽象，该层的经典处理器负责明确量子程序所需的信号和测量。

低温恒温器　通常是实验室中在极低温度下调节物理系统温度的设备。

密码破译　利用计算机来破译密码。

密码学　对信息进行编码以混淆其内容的研究和实践,通常依赖求解某些数学问题的难度。

加密机制　使用特定密码算法的方法,以保护数据和通信不被第三方截获。

退相干　随着时间的推移,量子系统最终将与更广泛的环境交换一些能量和信息,一旦形成就无法恢复。该过程是量子比特系统中的误码的一种来源。从数学上讲,当量子系统的量子态的系数之间关系变得不明确时,就会发生退相干。

解密算法　将加密信息恢复到未加密形式的一组指令。该算法以密文和加密密钥作为输入,返回明文或可读信息。

数字门　一种晶体管电路,使用多个二进制的单比特输入来执行二进制运算,从而得到一个单比特的二进制输出。

数字量子计算机　通过对量子比特使用一组基本运算或门运算来实现计算的量子系统。

数字签名　一种重要的加密机制,用于验证数据的完整性。

稀释制冷机　一种专用的冷却设备,能够将仪器保持在接近绝对零度的温度。

基于椭圆曲线的离散对数问题　一种特定代数问题,是特定密码协议的基础,当给定输出时,很难计算出输入。

距离　在纠错码中,将计算机的一种有效状态转换为另一种有效状态所需的误码比特数。如果误码数小于 $(D-1)/2$,仍然可以得到无误码的状态。

加密　应用密码学来保护信息,目前广泛应用于计算机系统和互联网通信中。

加密算法　将可读的数据转换为不可读的密码或密文的一组指令。在实际应用中,该算法把需要加密的信息与加密密钥一起作为输入,并根据数学过程对信息进行置乱。

纠缠　系统中两个或两个以上的量子对象相互关联或自然联系的性质,因此不管两个量子对象相距多远,测量其中一个量子对象,将会改变另一个量子对象可能的测量结果。

纠错量子计算机　通过运行量子纠错算法来模拟理想的、容错的量子计算机。

容错　能够将误码恢复。

保真度　硬件运算的质量，通过正确执行某一特定运算的概率来进行量化。

基本噪声　当温度高于绝对零度时，任意物体内部自发产生的能量波动造成的噪声。

门　一种计算运算，输入、输出一个或多个比特（经典计算机）或量子比特（量子计算机）。

门的合成　通过一组较简单的门组合而成的门。

哈密顿量　物理系统的能量环境的数学表示。在量子力学的数学表示中，哈密顿量是线性代数算子的形式。有时，这个词用于表示物理环境本身，而非物理环境的数学表示。

主处理器　用于描述量子计算机组件的一种抽象，指的是驱动用户控制的部分系统的经典计算机组件。

密钥交换　加密算法和协议中的一个步骤，使密钥在指定的接收方之间共享，以便在加密和解密信息时使用。

逻辑量子比特　描述一组实现量子纠错的物理量子比特的一种抽象，可以执行容错量子比特运算。

逻辑门　在经典计算中，输入和输出数字信号的一组晶体管，可以用布尔逻辑来表示和建模（将 0—假、1—真的信号组合起来的一组规则）。

无损　没有产生能量弛豫。

测量　量子系统的观测，只产生一个经典输出，并使系统的波函数坍缩到对应的状态。

微处理器　一种芯片上含有中央处理单元元件的集成电路。

噪声　物理系统中不需要的变化，可能导致误码和不需要的结果。

抗噪性　消除信号中的噪声（不需要的变化），从而实现误码的最小化的能力。

嘈杂中型量子计算机（NISQ）　一种未实现纠错，但足够稳定的量子计算机，可以在系统失去相干性之前有效地进行计算。嘈杂中型量子计算机可以是数字的，也可以是模拟的。

非确定性多项式时间（NP）　一种特殊的计算复杂性的类。

单向函数　在一个方向上容易计算，而在另一个方向上却基本无法计算的函数。

开销　执行计算任务所需的工作量（例如，运算次数）或资源量（例如，量子比特数或比特数），有时和"成本"是同义词。

后量子密码　一种加密方法，可以抵抗量子计算机的密码破译。

基本　基本的计算运算。

程序　指计算机为了通过特定的方法或算法完成一个或多个任务（或求解一个或多个任务）而需要执行的一组指令和规则的一种抽象。

量子退火机　一种模拟量子计算机，它通过改变系统哈密顿量的模拟值（而非使用量子门）来对量子比特进行相干控制。具体来说，量子退火机执行计算的方法是，在一些初始状态下制备一组量子比特并改变它们的能量环境，直至其明确了给定问题的参数，因此量子比特的最终状态会大概率对应于问题的答案。一般来说，量子退火机并不一定是通用的，有一些问题是它无法解决的。

量子通信　量子系统中的编码信息的传输或交换。

量子计算　利用量子力学现象，如干涉、叠加和纠缠，来执行与经典计算机大致相似的计算（尽管运算方式不同）。

量子计算机　执行量子计算的设备的总称（无论是理论上的还是实际实现的）。量子计算机可以是模拟的或基于门的，通用的或非通用的，有噪声的或容错的。

量子加密　量子通信的一个子领域，利用量子特性来设计不会被第三方窃听的通信系统。

量子信息科学　研究量子系统中的信息是如何编码的，包括量子力学的相关统计、局限性以及独特性能。

量子干涉　造成相干叠加态的相长或相消，例如，波的系数的增加或减少。

量子传感与计量　利用量子系统对环境干扰的极端敏感性来研发量子系统，可以比经典技术更精确地测量重要的物理性质。

量子系统　一组（通常是非常细微的）物理对象，其现象无法用经典物理方程来充分近似。

量子比特　量子计算机硬件的基本组成部分，通过量子对象来实现。与经典比特（或二进制数字）类似，量子比特可以表示为与 0 或 1 相对应的状态。与经典比特不同的是，量子比特还可以同时存在两种状态的叠加，每种状态的概率各不相同。在量子计算机中，量子比特通常是纠缠的，也就是说，任何量子比特的状态都与其他量子比特的状态密不可分，因此无法单独进行明确。

运行时间　执行计算任务所需的时间量。在实践中，任务实际需要的时间在很大程度上取决于设备及特定物理实体的设计，因此可以通过计算步骤的数量来描述运行时间。

可扩展、容错、通用的基于门的量子计算机　通过基于量子比特的门运算来运行的系统，类似于基于电路的经典计算机，使用量子纠错来修正计算过程中出现的任意系统噪声（包括控制信号造成的误码，或量子比特间或量子比特与环境间的不需要的耦合）。

SHA256　一种特定的散列函数，无论输入数据多大，都会输出 256 比特的散列值。

肖尔算法　20 世纪 90 年代彼得·肖尔开发的量子算法，如果能够在大型实用量子计算机上实现，将可以破译用于保护互联网通信和数据的加密算法。

信号　在电子电路中用于传递信息的电磁场。

软件工具　能够帮助用户设计、编写新的计算机程序的计算机程序。

标准元件库　一组经过预先设计和测试的逻辑门。

叠加态　系统在某个时刻同时处于多种状态的量子现象。从数学上讲，叠加态下量子系统的波函数表示为各种状态之和，每种状态使用一个复系数来进行加权。

表面码　一种量子纠错码，与其他量子纠错码相比，表面码对噪声不太敏感，但开销更大。

对称加密　将发送方和接收方共享的密钥用于加密和解密通信的一种加密方式。

系统噪声　信号相互作用产生的噪声，在一定条件下总是会存在，理论上可以进行建模和修正。

传输层安全(TLS)握手　最常见的密钥交换协议，用于保护互联网的数据流量。

幺正运算　能够保持向量长度的向量代数运算。

通用计算机　能够执行图灵机的任意计算的计算机。

波函数　对量子系统状态的数学描述，用于反映它们的类波特性。

波粒二象性　量子对象有时可以用类波特性来描述，有时可以用类粒子特性来描述。